French toast

French toast.

超人氣

法式土司

食尚名廚の

contents

part
1

法式土司專賣店＆超人氣店家BEST30

part 2 人氣烹飪老師的創意法式土司＆早餐的法式土司

part 1

法式土司

原意是為了讓變變硬、不新鮮的土司，能夠再次獲得新生命的料理。

作法相當簡單，就是將土司浸泡在蛋、牛奶、糖混合的蛋液中，再入鍋煎至金黃色帶點微焦就完成了。

令人訝異的是，儘管只是如此單純的料理，專賣店卻如雨後春筍般的出現，甚至還有大家口耳相傳的人氣名店。

這麼多的專賣店，這麼多種的法式土司，究竟哪裡不一樣呢？

有多少種法式土司，就有多少種作法！（＝大家各持己見）

正因為材料和作法非常簡單，對於各自作法的執著也更顯得珍貴無比。

首先……使用的麵包種類是土司？法國長棍？或……？

也有堅持「不！不只要一下下就好」的主廚。

浸泡蛋液時需要多長時間呢？

有店家認為好吃的關鍵是浸置二十四小時，

再來是烹調時間，加熱多久呢？該呈現怎麼樣的口感才好呢？

滑嫩的？脆脆的？軟嫩的？外脆內軟？外酥內嫩？

烹調方式呢？

以平底鍋煎可以嗎？要不要蓋上鍋蓋呢？

或烤箱烤？

「不不！應該要用平底鍋＋烤箱！」

「等等！別忘了我們家用的是銅板！」

油類又如何挑選呢？

奶油？沙拉油？或兩者混合？

是的，就是有這麼多不同的意見，所以本書要為大家介紹各家的特色法式土司，集結了主廚和老闆們不妥協的美味堅持＆製作祕訣。

4

法式土司專賣店
&超人氣店家
BEST 30

本書Part1收錄
東京、神奈川、名古屋、大阪、京都、神戶的法式土司人氣名店介紹。
深入廚房重地採訪各家私藏的美味祕訣，
不只收錄有主廚特別設計的家庭版簡易食譜，
還有毫不保留的店內餐點食譜大公開！

翻開本書時，你會發現每一頁都是閃耀金黃色的法式土司，
就讓我們一同進入法式土司的幸福時光吧！

參考法式料理的烹調方式
「以麵包為主角」的法式土司

主廚大谷春斗先生從高中開始，為了品嘗高級餐廳的餐點努力存下零用錢，熱愛美食的他更成為了餐廳的熟客，甚至還懇求某位名廚，讓他在下課後以無酬的方式工作。妻子法代小姐則擁有營養師資格，因此也歡迎有過敏困擾的人來店討論用餐內容。最近店裡新推出了一歲小朋友也可以吃的法式土司新品，歡迎爸媽們帶著小朋友一起來品嚐。

僅放入一小撮糖，浸置時間也只有一會兒，食用後不會覺得甜膩。

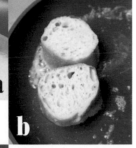

a

b

熱鍋中的奶油開始冒出大泡泡時放入麵包，此時奶油會散發濃郁的香甜味，這樣的作法和嫩煎肉、魚……稱為Sauteed的西式料理法相同。

d 使用品質優良的奶油能使美味度更加提升。

c

美味的小技巧在於不以控制爐火大小調整溫度，而是利用冰奶油調節。

Haru and haru
ハル＆ハル

提供主食餐點類＆甜點類的法式土司，另有風味絕佳的鹹派，調味醬汁也是自家製作的，堅持不使用化學添加物！

東京都目黑區綠ヶ丘3-1-6 ☎ 03-3718-2188
營業時間：10:00至19:00（18:30 LO）
公休日：每週三（遇國定假日則隔日休）
HP：http://haruandharu.com/
東急大井町線綠ヶ丘站出口，徒步1分分鐘。

Haru and haru（ハル＆ハル）

喜歡法式土司的人必定會到訪這間東京都內第一家專賣店「ハル＆ハル」。曾擔任法式料理主廚的老闆，花費七年才研發出店內的專屬祕方。「以料理而言，搭配肉類的醬汁，是為了更凸顯食材本身的美味；相同道理，當主角變成麵包時，該如何凸顯麵包的美味呢？此時，蛋液就如同醬汁成為美味的重要關鍵了。」

除此之外，另一個重點就是食材的新鮮度。「如果食材不新鮮，怎樣都無法作出美味的料理。」店內不管是選用蛋、麵包或牛奶，都十分要求新鮮度；基於相同理念，將麵包與蛋液的結合時，也不會進行長時間的浸置。

此次公開的食譜中集結了美味的關鍵技巧，希望大家一定要動手作作看！

食譜大公開！

栗子焦糖×香蕉法式土司

（附咖啡or紅茶）

麵包種類？ »» 法國長棍（Baguette）
浸置時間？ »» 浸泡一下即可
烹調方式？ »» 以不沾平底鍋煎烤

材料（⊥人分）※蛋奶素

法國長棍 ── 2片（厚約4cm）
蛋液
A 蛋 ── 2個（⅃型）
　 牛奶 ── 100mℓ
　 白砂糖 ── 1小撮（0.5g）

奶油 ── 9g
栗子焦糖醬・牛奶冰淇淋（請參考下方說明）
・植物性鮮奶油・香蕉・糖粉・巴西里
　── 各適量

Bread

使用100%日產小麥的自家製法國長棍。為能使蛋液更快速滲透入味而獨家研發的麵包。

Ice milk

自家製的法式土司的配醬，以低脂牛奶自製的Ice milk。但並非一般乳脂肪量20%以上的冰淇淋製品。

作法

1 將A材料依序放入鍋盆中，分次攪拌均勻（請勿一次全部放入混合）。

2 將法國長棍放入步驟1蛋液中隨即撈起，並輕輕地擠一下（a）。若麵包較硬時，則在蛋液中稍微浸置。

3 將奶油6g放入熱鍋中，加熱至完全融化並產生大泡泡時將麵包放入（b）。

4 不加蓋，以中小火慢煎約4分鐘（盡量不翻動），至鍋中水分蒸發、麵包表面金黃、食材的精華濃縮在一起時，翻面並放入剩下的3g冰奶油（c）。

5 將麵包以料理夾夾住並輕輕地移動，讓麵包確實地吸附融化的奶油（d）。持續慢煎約3分鐘，直到表面金黃。

※IH爐的爐心部分火力較強，建議在平底鍋邊緣慢煎；而瓦斯爐則是周圍火力較強，建議在平底鍋中心慢煎，這麼一來麵包較不容易燒焦。

6 將栗子焦糖倒於盤中，放入步驟5的麵包，再將冰淇淋、鮮奶油和香蕉片依序層疊，薄撒上一層糖粉，並以巴西里裝飾就完成囉！

※淋上自己喜歡的果醬或楓糖漿，當成奶油土司享用也一樣美味。

在法式餐廳工作時通常必須一直待在廚房裡，現在可以一邊和客人互動一邊作菜，對我來說是最幸福的事了。（大谷春斗先生）

圖中是本店晚餐時段提供的法式土司甜點，另有午餐時段搭配歐式香腸的法式土司主餐。

濕潤法式土司派必點——以珍珠蛋製作香濃＆滑嫩口感的法式土司！

蛋液的分量約是浸泡兩片土司太多，三片時又有點不夠的感覺。

重點在加蓋燜煎的方式，鍋中的熱對流會讓土司膨漲！

蓋上鍋蓋燜煎！

小心不要燒焦了！
當表面如圖呈現金黃色的程度時，翻面續煎是最完美時機。

看似需要高度技巧的噴燈，使用時，卻意外的簡單。

Point

噴燈可在居家用品百貨或西點材料行中購得。若想在家自己動手試作香味四溢的「Il Fiume」法式土司。

Dining & Café Il Fiume
イル フューメ

營業開始前二十分鐘就開放限量法式土司排隊點餐，但建議事先預約更保險。

東京都渋谷区渋谷3-14-2 ベルティス渋谷1F
☎03-6434-1072
營業時間：平日12:00至凌晨1:00（LO00:00）
週六・週日及國定假日18:00至凌晨1:00（僅晚餐時段營業。LO00:00）　公休：全年無休（但週六・週日及國定假日午餐時段不營業）　HP：http://il-fiume.biz/
渋谷站新南口出口，徒步約3分鐘，位於並木橋交叉口不遠處。

Dining&Café Il Fiume（イル フューメ）

喜愛法式土司的人必定討論的話題就是「你喜歡哪一種的烹調方式？」在Il Fiume你會發現最完美的濕潤、滑嫩口感喔！絕妙的好滋味，連原本選擇外脆內軟的攝影師，吃過後也打算改變主意了。吃起來就像是中間夾了Cream Cheese般的濃郁，主廚說祕訣就在「珍貴的珍珠蛋」。

這道濕潤滑嫩的法式土司僅限午餐時段供應，且每日限定五分。若晚餐時段則是熟客才會知道的隱藏菜單。聽說只要說出：「我有看《大好き！フレンチトースト》！」（本書日本原名），主廚就會為你製作喔！

食譜大公開！

法式土司

（附飲料＆沙拉吧吃到飽）

麵包種類？ »» 土司
浸置時間？ »» 24小時以上
烹調方式？ »» 不鏽鋼平底鍋加蓋燜煎

材料 （2人分）※蛋奶素

土司
—— 2至3片（厚約3.5cm）

蛋液

A ｜ 珍珠蛋 —— 2顆
※家庭製作使用中型蛋即可。

牛奶 —— 150mℓ
鮮奶油（脂肪含量48%）
—— 50mℓ
白砂糖 —— 50g
香草精 —— 少許

奶油 —— 15g

香蕉・薄荷葉・糖粉・楓糖漿—— 適量

作法

1 將材料A放入鋼盆中，並以打蛋器混合均勻，土司去邊切半後放入蛋液中浸置24小時（a）。途中翻面一次。

2 將15g奶油放入鍋中，融化後放入土司並蓋上鍋蓋以小火煎約5分鐘（b）。

3 煎至土司表面金黃微焦時，翻面再煎約5分鐘（c）。

4 趁熱起鍋裝盤，擺上斜切成片的香蕉＆撒上糖粉。

5 擺盤後以噴燈將表面燒至微焦黃（d），淋上楓糖漿再以薄荷葉裝飾即可。

Bread

挑選厚3.5cm，質地細緻、風味單純、不複雜的原味土司。

使用的珍珠蛋的蛋液，風味濃厚但膽固醇卻很低，擔心膽固醇過高的人也請安心享用！

一開始什麼都不要沾,先享
受麵包和蛋液的原味,再悠
閒地加上糖漬水果,最後再
搭上鮮奶油一起品嚐。

擁有樸實&甜度適中的溫潤口感

美式家常點心的代表

Bubby's YAECHIKA（バビーズ ヤエチカ）

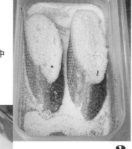

好吃的祕訣是在蛋液中加入了肉桂粉。

於室溫下軟化的奶油！

使用軟化後的奶油烹調，可讓鍋中溫度維持穩定，這樣就可以煎出漂亮＆好吃的法式土司。

使用厚7㎝的特製鐵板，其特性是可以維持穩定的溫度＆保溫效果佳。

麵包煎至表面微焦、呈現金黃色後翻面，並以鍋鏟輕壓麵包，讓奶油充分被吸收。

作法簡單的糖漬草莓，搭配其他像是優格的點心一起吃也很美味喔！

紐約曼哈頓下城區的翠貝卡是相當熱門的早餐地點，美式家庭料理餐廳「Bubby's」的法式土司餐點非常受到歡迎。而在日本，只有「Bubby's YAECHIKA店」的早餐時段，才能吃到這道受歡迎的法式土司。

一口咬下帶有嚼勁的法國麵包，蛋、奶油和麵粉的香氣慢慢的在口中擴散開來，感受到的是非常樸實又溫暖的味道。主廚田邊貴之說：「美國一般家庭中常見的餐點，所以會有種媽媽的味道，另一特色是，由於早餐時段供應，我們特地調整了蛋液的配方，口感不會過於甜膩」。

有很多愛好者遠從外地到此住宿一晚，為的就是要品嚐這道美味的法式土司，由此可見多麼值得一試！

經典法式土司

麵包種類？ 》 法國麵包（Batard）
浸置時間？ 》 約1小時
烹調方式？ 》 以厚7㎝的鐵板慢煎

材料 （2人分）※蛋奶素

法國麵包 —— 4片（斜切成厚5㎝）

蛋液
圖片中的蛋液約為材料表標示分量的5倍。

A	蛋 —— 2顆（中型）
	牛奶 —— 40mℓ
	鮮奶油 —— 約190mℓ
	香草精 —— 少許
	肉桂粉 —— 少許

奶油 —— 約1小匙

植物性鮮奶油（易作的分量）

| B | 鮮奶油（脂肪含量36%以上）—— 200mℓ |
| | 糖粉 —— 6g |

糖漬草莓（易作的分量）

草莓 —— 1/2盒

白砂糖 —— 依個人喜好調整

藍莓‧楓糖漿 —— 各適量

作法

事前準備： 製作糖漬草莓。將草莓洗淨、去除蒂頭並瀝乾後放入鋼盆中，鋪撒一層白砂糖後靜置一晚。

1 將A材料倒入鋼盆中，以打蛋器混合均勻，再放入法國麵包浸置約1小時，途中翻面數次。（a）

2 奶油事先在室溫下軟化（b），趁鍋熱前放入奶油，將法國麵包中多餘的蛋液輕輕擠出後，放入鍋中不加蓋，以微火煎約4至5分鐘（c）。

3 待上色後翻面再煎約4至5分鐘（d）。

4 等待空檔進行製作鮮奶油。將B材料放入容器中確實打發。

5 將煎好的法式土司盛盤，擺放糖漬草莓、藍莓和植物性鮮奶油，最後淋上楓糖漿即完成。

Bread
Batard法國麵包的一種，比法國長棍稍粗和短，麵體柔軟且外皮薄脆，「Bubby's YAECHIKA」選用的則是較有嚼勁的Batard。

Bubby's YAECHIKA
バビーズ ヤエチカ

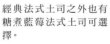

經典法式土司之外也有糖煮藍莓法式土司可選擇。

東京都中央区八重洲2-1八重洲地下街中3號
☎03-6225-2016 營業時間：平日早餐時段為7:30至11:00 六‧日及國定假日早餐時段為9:00至11:00 ※11:00進入店裡還可以點餐。 公休日：全年無休
HP：http://bubbys.jp/
JR東京站八重洲北口出口，徒步約2分鐘。

🍴 ● 熱咖啡可無限續杯。使用「Bubby's」有機咖啡原豆，適合早晨的濃厚口味，並以100%純鮮奶調製。
🍴 ● YAECHIKA八重洲店之外的分店是使用一般土司製作法式土司。

香濃的焦糖醬淋在法式土司
上，令人想要一滴不剩的吃
光它。本店不提供預約，請
想品嚐的朋友們提早來囉！

蘭姆&焦糖的完美融合
為性感與狂野的代表作

a

Table Ogino特大超人氣的自家製佛卡夏，店內販售150日圓/塊。

b

因為將佛卡夏切成了超厚片，在下鍋之前必須先進烤箱，將多餘的水分以下火烘烤蒸發。

c

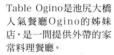

d

重點是抓準時間一次將表面煎至微焦金黃。

直接在平底鍋上，將麵包以鍋鏟分半的手法也很豪邁！每一面都必須煎成金黃香酥才好吃。

Point

老闆娘夏小姐說：「我在試驗初期所作的法式土司，不論外觀或分量都是少女系的感覺，不停的調整後，沒想到卻越來越狂野。非常擔心大家能否接受這樣的口味，看到餐點都被吃得一乾二淨的，讓我鬆了一口氣，真是太好了！」

Table Ogino
ターブルオギノ

Table Ogino是池尻大橋人氣餐廳Ogino的姊妹店，是一間提供外帶的家常料理餐廳。

東京都渋谷区代官山町14-10 Luz代官山1F至2F
☎03-6277-5715 營業時間：早餐10:00至11:00／套餐11:00至19:30（LO）／販售10:00至20:00
公休日：每週一 HP：http://www.table-ogino.com/
東急東橫線代官山站出口，徒步約3分鐘。

Table Ogino（ターブルオギノ）

位於東京的家常料理餐廳「Table Ogino」的法式土司供應時間為早上10點至11點一個小時，每日限量五份且不提供預約。

充分滲入厚片佛卡夏的蛋液中，特別調入了香氣十足的蘭姆酒，搭配微苦的焦糖醬，不管在視覺、味覺上都形成一種性感又野性的風味。值得一提的是長45cm×寬30cm×厚6cm，約是嬰兒棉被般大小的自家特製佛卡夏，切下後會輕輕彈起，口感相當有嚼勁，因此讓法式土司中的蛋汁可以隨著咬下的瞬間被擠壓出來，美味的層次在口中擴散開來。

自家特製佛卡夏，也能買回家照著食譜作作看喔！

食譜大公開！

法式土司

麵包種類？ »» 自家特製佛卡夏
浸漬時間？ »» 一晚
烹調方式？ »» 先以烤箱下火烤過，再以鐵製平底鍋慢煎

材料（2人分）※蛋奶素

Ogino特製佛卡夏 —— 2塊
蛋液（易作的分量）

A | 蛋 —— 5顆（中型）
  | 成分無調整牛奶 —— 1ℓ
  | 白砂糖 —— 250g
  | 蘭姆酒 —— 100g

奶油 —— 10g
沙拉油 —— 約2小匙
植物性鮮奶油（依個人喜好調整）
鮮奶油及其10%的白砂糖
焦糖醬（易作的分量）
白砂糖 —— 300g
水 —— 125g
鹽 —— 3小撮
奶油 —— 85g（切小塊備用）

櫻桃・薄荷 —— 各適量
（依個人喜好調整）

作法

1 製作蛋液。將A材料依序放入鋼盆中，以打蛋器攪拌均勻，最後加入蘭姆酒。

2 將佛卡夏（**a**）浸置蛋液中一晚，過程中翻面一次（**b**）。

3 浸置完成的佛卡夏放入已預熱至250℃的烤箱，以下火烘烤數分鐘（**c**）。

4 鐵製平底鍋以中火預熱，放入奶油及沙拉油，當奶油顏色開始變深、微焦時放入步驟**3**材料。慢煎至兩面表面變為金黃，接著以鍋鏟將麵包切成兩半（**d**）並將切口處同樣煎至表面上色。

5 製作鮮奶油。將鮮奶油與白砂糖放入鋼盆中並打發。

6 製作焦糖醬。小鍋以中火稍微預熱後放入砂糖，當顏色變深並開始起泡時關火，將水分次慢慢加入，並同時攪拌均勻，再加入鹽攪拌均勻，最後再加入切成小塊的奶油。

7 將步驟**6**焦糖醬倒入盤中，放入步驟**4**佛卡夏麵包後，豪邁地淋上步驟**5**鮮奶油，最後以櫻桃和薄荷葉裝飾。

Bread

每早在Ogino池尻大橋店烘焙＆直送的佛卡夏。長45cm×寬30cm×厚6cm的超大Size，特色是麵包體的氣孔大，容易吸附蛋液。

老闆娘夏小姐分享，Ogino主廚的口頭禪是問「大家都吃飽了嗎？」，十分關心客人有沒有吃飽，也因此「Ogino」的餐點都非常有分量。

增添獨特的檸檬風味
清爽的餘韻令人驚艷

與四十年家傳特製楓糖漿
融合而成的嶄新口味。

14

珈琲ワンモア（One More）

卡士達醬可放入洗淨的空牛奶盒中冷藏保存。為了維持良好的口感，有些人會將蛋的白色繫帶去除，但因白色繫帶含有豐富的營養價值，One More選擇完整的保留。

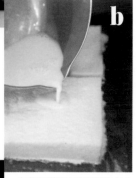

在煎的過程中將剩餘的卡士達醬仔細地淋入，慢慢地滲透進土司中。

事先將奶油放在室溫下融化，就會變得很好塗抹喔！

此時的關鍵重點就是在煎至金黃的土司表面抹上滿滿的奶油，這樣搭配檸檬片時會充分凸顯檸檬的酸味。

Point

自家特製楓糖漿是使用「風月堂」的楓糖香精製作的。「以前那個年代不像現在這麼方便，輕易地就可以找到天然的楓糖漿，正思索著該怎麼樣才能更接近楓糖漿的味道呢？結果就找到了這商品。」

福井明先生和妻子絹代小姐。「我太太呀，總說他已經作了四十年以上的法式土司了，但怎麼樣也吃不膩呢！」，「是呀！就算在別家店吃了法式土司，還是會想起我們家的法式土司呀！」福井明先生笑著說。

珈琲ワンモア
コーヒーワンモア

超推薦以新鮮柳橙榨汁製成的鮮橙果凍！。店內懷舊的裝潢也受到許多粉絲的喜愛。

東京都江戸川区平井5-22-11　☎03-3617-0160
營業時間：9:00至18:30
公休日：星期日　総武線平井站出口，徒步約1分鐘

放在土司上的檸檬片不單單只是點綴，更是不可缺少的重要角色。這道法式土司好吃到讓人不願放下餐具，連盤緣的檸檬醬汁也一滴不剩。奶油的濃醇風味和鹽的鹹味、加上酸香的檸檬所融合的夢幻美味，伴隨感動心情後的是清爽的餘韻，這般極致的美味只有在這裡才吃得到。

全神貫注享用餐點的記者身旁，老闆福井先生正滔滔不絕地說著：「剛開店的那個時候，很多人都驚訝地說：『這一點都不像法式土司呀！』在曾實習的咖啡店裡，法式土司其實是以不切土司邊進行製作的，現在為了符合大眾喜好而變得越來越奢侈了呀！本店的法式土司雖是以去邊土司製作，但各位在家製作時不去邊也沒關係，土司邊可是很好吃的呢！」

法式土司

麵包種類？　»　土司
浸置時間？　»　約1分鐘
烹調方式？　»　以銅板慢煎

材料　（1人分）※蛋奶素

土司 ── 2片（厚約1.5cm）

卡士達醬（易作的分量）
│ 蛋 ── 6顆（中型）
│ 白砂糖 ── 130g
│ 牛奶 ── 350mℓ

奶油 ── 適量（可多一點！）
檸檬 ── 1片（切薄片）
One More特製楓糖漿（請參考右下作法）
　── 適量

Bread

四十五年來都是使用附近「さくら堂」的土司，毛孔細緻綿密，不用說當然很好吃！店家門前總是大排長龍，更有人大老遠的開車特地來購買。在「珈琲One More」享用完美味的餐點後，建議回家前可到「さくら堂」買點麵包回家喔！

作法

1　製作卡士達醬。將蛋和白砂糖放入鋼盆中混合均勻，加入牛奶後再次攪拌。※可冷藏保存1至2天（**a**）。

2　土司切邊後浸置在卡士達醬中，重複翻面浸泡至滲透均勻。

3　加熱銅板（家中使用平底鍋即可），溫熱後滴一滴水到銅板上，如果水滴呈現沸騰跳動的狀態就可以開始煎了。在銅板（或平底鍋）上塗抹奶油，將步驟**2**材料放入鍋中，再從上方慢慢地淋入適量的卡士達醬（**b**）。

4　待底面煎至金黃色（約30秒）後翻面並轉小火，在土司表面抹滿奶油（**c**），不加蓋以小火慢煎至金黃。

※如果鍋子太小無法一次煎兩片時，就以同樣方式分兩次作業。將兩片土司堆疊盛盤後放上檸檬片，再淋上楓糖漿即可。

One More特製楓糖漿作法（易作的分量）

[材料] 白砂糖1kg・水適量・楓糖香精少許
[作法] 找一個燒焦了也不會心痛的鍋子，放入20g的白砂糖後以大火加熱，待白砂糖變為濃稠的焦糖感時，加入適量的水，再將剩餘的砂糖全部倒入，再加入水量至高於糖約1cm，過程中都不需攪拌，並以大火加熱至快沸騰時轉為小火，待整體都變成焦糖色時熄火靜置，放涼後加入楓糖香精即可。

One More法式土司的特色是將蛋液改成卡士達醬製作。另外，除了法式土司之外「鬆餅」也是本店的人氣名品。

自家特製草莓果醬、藍莓冰淇淋、季節水果或巧克力醬等共十種的配料，任選三種口味來完成今天的法式土司特餐吧！

猶如嬰兒圓嫩臉頰般
Q彈柔軟的極致美味

CaFE×BaR SHIMADA CAFE（カフェバー シマダカフェ）

第一眼看到我們家的法式土司都會想問：「這是烤布丁嗎？」其實這就是「神楽坂法式土司」想作出Q軟濃稠的感覺。

「我的目標就是作出外層香脆、質地綿密，又帶有如布丁般Q軟而濃稠口感的『半熟法式土司』！」店長朴侑史為了研發能夠呈現三階段口感的法式土司，不斷重複一次又一次地實驗。

「麵包的厚度、蛋液的吸收度、火侯和烘烤時間……不停的調整，每個細節都會影響到最後的結果。」

最後終於成功整理出了一些重點，首先，麵包切片後必須先風乾二十四小時，再浸置在蛋液中二十四小時，最後放入商用大烤箱以高溫一次烘烤完成。「在家如果想作出接近的口感，以家用烤箱的最高溫進行烘烤，我想也是可以的。」

想知道如此神祕的三段式口感是什麼感覺嗎？來店裡吃吃看就知道了！

利用電風扇風乾法國麵包

浸置蛋液前先將已切成厚3.5至4cm的麵包風乾一晚，使蛋液的滲透度更好，口感也會變得更加綿密。

以最少24小時，最多三日，將麵包浸置在滿滿的蛋液中。

將麵包放在烤盤上，以商用烤箱的最高溫烘烤，水分在高溫下瞬間蒸發，使表面瞬間凝結變得香脆可口，使美味的精華被包覆在麵包中。

法國進口的有機薄荷花果茶，野草莓的口味加入了薔薇果和蔓越莓，酸酸甜甜非常適合用來搭配法式土司。店長朴侑史表示：「我研究過，法國地區屬於硬水質，但硬水所沖泡出來的茶一點都不好喝，改以日本的軟水沖泡卻非常適合。」另外，店裡的咖啡並非手沖式咖啡，而是以法式濾壓壺沖煮。

食譜非公開

神楽坂法式土司

麵包種類？ »	法國麵包（Batard）
浸置時間？ »	24小時至最多3天
烹調方式？ »	以高溫烤箱一次烘烤完成

Bread

以Batard（法過麵包的一種）製作，雖然也嘗試過以土司或其他麵包製作，但Batard最能完美呈現Q軟濃稠的口感。

聽從法國貿易商的建議，布置成「法國最流行的北歐風咖啡廳」，不管是桌子、椅子、燈或壁紙，而受到許多空間布置愛好者的青睞。

法國麵包切片後直接入鍋油炸，撈起瀝油後趁熱撒上砂糖和肉桂粉，簡簡單單就完成的法國麵包脆餅小點心，再放入容器保存。

SHIMADA CAFE
シマダ Café

若在飲酒聚會後想找個地方喝茶，營業到十一點的SHIMADA CAFE是很適合的選擇，在日本營業到這麼晚的咖啡廳很 是稀有！

東京都新宿区神楽坂3-6 神楽坂3丁目テラス 3F
☎03-6265-3924　營業時間：星期二至星期四12:00至3:00（22:30 LO）　星期日・國定假日：12:00至22:00（21:30 LO）　公休日：星期一（遇國定假日則隔日休）
HP：http://shimadacafe.com/
JR飯田橋站西口出口，徒步約8分鐘

不只趁熱吃才美味，即使放涼變軟的法國土司仍有另一番風味！

推薦與香檳搭配的
布里歐法式土司

法式土司供應時間為平日
十點至十五點，週六·日及
國定假日為九點開始供應。
另推薦三片分量的布里歐
法式土司。

MERCER BRUNCH （マーサーブランチ）

店裡微風吹拂，餐廳中央設有暖爐，令人瞬間放鬆、煩惱全消。另外還有舒適的露臺區和寵物開放專區。

在這裡可以吃到道地的紐約式Brunch——被如此評價的「MERCER BRUNCH」，前去採訪時幾位少婦們正熱鬧地享受午後香檳時光，並搭配店裡的招牌「布里歐法式土司」。

另一道也受常客歡迎的是「焗烤番茄和牛燉茄子」，是以staub鑄鐵鍋燉煮後，再以烤箱焗烤，配菜是松露拌薯泥，再搭配香脆可口的布里歐法式土司！品嚐的過程中可細細品味出，獨創的布里歐土司的絕佳風味，精心設計的配方讓鹹味與甜味融合的恰到好處。

若想愜意地享受優雅的早晨時，若想緩緩地前來MERCER BRUNCH度過美好時光……請別忘記，假日時餐廳前經常發生大排長龍的狀況，挑選平日前來用餐，是不錯的選擇！

香甜的法式土司和高級餐點非常適合搭配冰涼可口的香檳。店裡最受歡迎的是法國凱歌香檳Veuve Clicquot（ヴーヴクリコ 1200日圓）。

再介紹一道人氣餐點——
「三浦野菜の西西里燉菜✕特製香腸水波蛋」

香腸以豬肉、雞肉及豬頸肉製成。

焗烤番茄和牛燉茄子
（配菜為松露薯泥）

麵包種類？ » 布里歐土司
浸置時間？ » 24小時以上
烹調方式？ » 先以鐵板煎至奶油浸透後，再以烤箱烘烤完成

Bread

自家獨創烘焙的布里歐土司，外層香脆且甜味鮮明，單吃或搭配餐點都很美味。

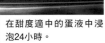

在甜度適中的蛋液中浸泡24小時。

放入烤盤中以瓦斯烤箱烘烤完成。

土司以鐵板煎至奶油浸透。

MERCER BRUNCH
マーサーブランチ

午餐時段提供十種類的法式土司套餐，晚餐則為兩種。小提醒：午餐時段不接受預約。

東京都港区六本木4-2-35 アーバンスタイル六本木三河台 1F
☎03-3470-6551　營業時間：Brunch＝星期一至星期五10:00至15:30（15:00 LO）／週六、週日及國定假日9:00至18:00　Dinner＝18:00至24:00（23:00 LO）
公休日：無休　六本木站出口後，徒步約3至4分鐘。

　建議跟服務生拿取一點蜂蜜，就能將其中一片法式土司改作成甜點囉！

Pain Petit Pas♥（パンプティパ♥）

熱愛法式土司的山本經理，以雙腳踏遍世界各地，品嚐了各國的法式土司，在偶然機會下討論了開店的計畫，立即毫不猶豫的提出開店的計畫，立即毫不猶豫的提出法式土司專賣店的構想。

直到開始進行籌備時，自己比誰都還來得驚訝這一切的發生，但仍思索著：「一定要作出世界首創的法式土司！是可以外帶、散步時也能方便享用的一口大小。」Pain Petit Pas的法式土司就像是膨軟的的玉子燒，以最單純的法式土司，再自行挑選配料為樂趣的新吃法。

喜歡Pain Petit Pas的法式土司嗎？現在也可以在網路上訂購喔！

食譜非公開

美味燻鮭魚法式土司

麵包種類？ »» 特製土司
浸置時間？ »» 一晚
烹調方式？ »» 先以烤箱烘烤，再放入平底鍋煎熟

Bread

與合作的麵包店研發特製土司。嘗試了各種不同的配方與作法，終於完成了簡單、卻也最適合的法式土司口味。

最後步驟是在客人點餐後才進行。放入平底鍋以沙拉油及奶油燜煎（蓋上鍋蓋），最後烙印上Logo就完成了。

將浸置蛋液一晚的土司放入烤箱烘烤。

還有一道人氣餐點——
冰淇淋原味法式土司

也是女性顧客中排行第一名的餐點呢！

本店的隱藏菜單中有非常適合搭配「美味燻鮭魚法式土司」的白酒。

Pain Petit Pas♥
パンプティパ♥

店裡提供14款以上的餐點選擇，男性顧客心中排行第一名的餐點是抹茶紅豆口味中的「京都風法式土司」。

東京都渋谷区神宮前6-14-1 ☎ 03-6427-1180
營業時間：11:30至19:00
公休日：星期三（遇國定假日補休）／12月31日及元旦
HP：http://painpetitpas.com/
FAX：03-6427-1988
明治神宮前站出口，徒步約10分鐘，位於舊涉谷遊步道路（キャットストリート）上。

山本經理極力推薦「燻鮭魚法式土司」。若愛吃辣的人，就淋上滿滿的辣椒醬吧！

世界首創！
可外帶的
迷你法式土司

山本裕子經理為了法式土司嚐遍了美國、墨西哥、法國、德國、荷蘭、新加坡及泰國等等，但在這些國家中都還沒發現可以帶著走的法式土司。

café de la ville French toast （カフェ ドラ ヴィル フレンチトースト）

生焦糖堅果

麵包種類？	≫ 自家特製麵糊烘烤而成
浸置時間？	≫ 一次大量地以繞圈的方式淋上
烹調方式？	≫ 以鐵板加蓋烘烤而成

Bread
以蛋糕麵糊般的麵糊製成，稱為Bread的點心。

接著將完成的Bread切成一口大小，再以繞圈的方式淋上蛋液。

首先，利用模具煎烤出如蛋糕膨鬆柔軟的方形Bread。

撒上的細砂糖，待砂糖融化、香味四溢時就完成了。

放上鐵板後加蓋蒸烤。

再介紹一道人氣餐點「經典法式土司」

以天然酵母麵包烘烤製作，似曾相似的口味，成為男性顧客的最愛。

café de la ville French toast
カフェ ドラ ヴィル フレンチトースト

從「香菸與鹽博物館」旁的小路進入後，馬上就可以看到本店。一共有六種法式土司可選擇，加價則可搭配紅茶或咖啡。

東京都渋谷区 神南1-15-5 ☎ 03-5456-6957
營業時間：11:30至19:30
公休日：全年無休／12月31日及元旦
HP：http://cafe-ville.baycrews.co.jp/
渋谷站出口後，徒步約8分鐘（在「香菸與鹽博物館」旁）。

宛如蛋糕般蓬鬆柔軟的Bread，薄撒上砂糖再以鐵板煎至微焦，法式土司飄散著一種令人懷念的獨特甜香味，且只需要兩百日圓就能享用到，非常受到學生、上班族還有小朋友的歡迎。

銷售量最佳的「生焦糖堅果」口味，配料有焦糖、堅果和滿滿的奶油，每杯裡都有九小塊適合一口大小的Bread。

「抱著希望能夠多分享給一個人也很棒的想法」，每月的二十號都會舉辦嚐鮮折價一百日圓的活動，讓想要吃吃看的新朋友們一起來，一同品嚐這樣的美味。

價格親切的杯裝法式土司，相當受到小朋友的喜愛！

以紙杯盛裝非常方便，漫步涉谷的同時也能享用可口的法式土司。也因此吸引了許多單身的男性顧客。

雖然大部分的客人都選擇外帶，但店裡還是有提供座位的，在附近逛累了就到店裡點個甜點休息片刻吧

パンとエスプレッソと

BREAD, ESPRESSO &是一間設有烘焙廚坊的複合式咖啡餐館。麵包師傅們每天早上以鑄鐵鍋和烤箱製作法式土司，火候的掌握關係到法式土司成敗的關鍵要素，因此師傅們每天都必須在廚房裡與火候進行一場又一場的對決。

人們在描述法式土司的美味時，常常會以「外皮又香又脆而裡面柔軟香……」來形容，而本店的法式土司正是如此！內外口感上的反差令人回味無窮。才過了兩天，又忍不住回味起「啊！好想吃BREAD, ESPRESSO &的法式土司喔……」

飽滿實在的麵包和蛋液所作成的濃郁法式土司，販售時間為每日下午三點開賣喔！

麵包師傅的精心之作
香脆綿軟的法式土司

以鑄鐵鍋直接盛裝後上桌，淋上有機蜂蜜後趁熱品嚐就是美味的不二法門。

法式土司

麵包種類？ » 土司
浸置時間？ » 一晚
烹調方式？ » 鑄鐵平底鍋&烤箱

Bread

使用的是特製土司「ムー」，也是「BREAD, ESPRESSO &」最受歡迎的一種麵包（布里歐），吃起來和奶香豐富的丹麥麵包有點相似。

蛋液中使用的材料有蛋、牛奶及液態鮮奶油（乳脂肪成分47%以上）和砂糖。而鮮奶油的使用量要比牛奶來得多。將土司浸置於蛋液中一晚。

將溫熱鑄鐵鍋後放入少許奶油，土司放入後以大火將一面煎至焦黃，這步驟的重點是以夾子夾住土司並移動，讓奶油完全被土司吸附。

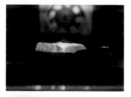

將煎至焦黃的一面朝上，直接將鑄鐵鍋放入烤箱，以烤溫180℃烘烤約15分鐘。取出後撒上糖粉、淋上蜂蜜後即可。

Take out

外帶法式土司也很受歡迎。作法和內用的不同，只以180℃烤箱烘烤約15分鐘。但僅僅是烤法不同，卻讓口感和味道產生了極大的差異，麵包或蛋液都呈現了不同的感覺。推薦喜歡法式土司的你，兩種都一定要吃吃看喔！

パンとエスプレッソと

店內設有露天座位，客人中有很多帶著小孩的媽媽們。建議選擇美味的法式土司時可搭配咖啡師自信推薦的卡布奇諾一起享用。

東京都渋谷区神宮前3-4-9 ☎ 03-5410-2040
營業時間：8:00至20:00／星期五、六及國定假日前一日營業至23:00　公休日：每月第二個星期一（遇國定假日隔日補休）／12月31日及元旦
HP：http://www.bread-espresso.jp/
表參道站A2出口，徒步約5至6分鐘。

其實本店一開始的法式土司是以法國長棍製作，直到某天的員工餐時間，隨意的拿了店裡最受歡迎的土司試吃，沒想到竟美味驚人，從此之後就改以特製土司「ムー」製作了。

CAFE AALIYA（カフェアリヤ）

位於新宿站附近，擁有上班族最高支持度的法式土司專賣店就是這裡！CAFE AALIYA的法式土司外表鬆軟誘人，入口後不需要太咀嚼，味蕾就能感受到濕潤而輕柔及在口中擴散的濃濃蛋香。這不曾改變過的三十年獨特美味，也一直深深地吸引著顧客們。

極力推薦季節限定的「香橙雪酪法式土司」，淋上以奶油和鮮奶油為基底的特製風味香橙醬滋味特別，而一旁的雪酪也是手工製作的呢！

老闆山本真輔先生一直努力維持最要求的品質和口味，支持他的信念是「不想讓這令人懷念的味道失去原有的感覺，更不願見到久違的老顧客失望的表情。」

食譜非公開

香橙雪酪法式土司

麵包種類？ » 土司
浸置時間？ » 約數十秒
烹調方式？ » 銅板

Bread
承傳三十年不曾改變的土司，一斤切成十等分，一片厚度約2cm，雖然也曾嘗試以法國長棍製作，但始終作不出想要的鬆軟感而作罷。

蛋液的材料只有雞蛋、牛奶和上白糖，雖簡單卻一樣都不可缺，好吃的關鍵當然是在各材料的獨家調配比例。

去邊的土司只需浸置數十秒即可。以刀子切開後，中心還留有少許未浸濕的白色部分，這樣的浸置程度是最剛好的。

以磅秤確認蛋液滲透的程度，如此可精確地掌握AALIYA味道而不會讓客人失望。

從開店以來一直都是以銅板煎烤製作。以預熱至180℃的銅板將兩面土司各煎五鐘，留心不要讓水分過度蒸發，完成的法式土司就會柔軟又濕潤。

CAFE AALIYA
カフェ アリヤ

本店「AALIYA」恐怕是近期以法式土司為題材報導中最多的一家店，雖然不接受預約，但請放心，我們會盡可能的避免售完的情況發生。

東京都新宿区新宿3-1-17 山本大樓B1F ☎ 03-3354-1034
營業時間：10:00至22:30（L.O.22:00）
公休日：全年無休／12月31日及元旦
新宿三丁目站出口，徒步約2分鐘。

🍴 AALIYA是前任老闆的友人，一位巴基斯坦女子的名字。
「我想女子本人從沒有想過，會有一家如此受歡迎的咖啡廳，是以自己名字命名的吧」。對了！結帳後記得稍微瀏覽一下收據背面的文字喔！

具高雅氣質的極緻風味

圖中的「香橙雪酪法式土司」販賣期間是仍微熱的九月分，十月分則是改以洋梨製作的季節限定法式土司，請大家拭目以待！

精心搭配的食材請與法式
土司一起搭配享用，可不能
只單吃蘋果喔！

餐盤中的美味遊樂園
獻給充滿歡樂&童心的你！

Yocco's French Toast Cafe（ヨッコズフレンチトーストカフェ）

人們並不習慣一如往常的規律的生活，有時也會安排特別的旅行或是活動。品嚐食物時也是如此，想來點與眾不同的法式土司，到「Yocco's French Toast Cafe」就對了！無論在外觀、食材的組合、調理方式、種類或物超所值的感受方面，我們想盡各種方法，就是希望店內的法式土司能讓客人感到驚喜又有趣。

眼中閃爍著光芒的山崎燈主廚表示「事實上，我是參考前菜拼盤的感覺設計擺盤，希望大家可以嘗試各種不同的吃法！」話才說完的下一秒就迫不及待開始進行Yocco's風格的食用方法教學。

「將麵包切成一口大小疊放盤中，放入以新鮮的蘋果和紅酒、葡萄乾一起熬煮的特製蘋果醬。品嚐的時候沾一點奶油抹醬，再依個人喜好沾一點蘋果醬，真的非常美味。單一配著就很好吃的楓糖漿，留一點和其他配料一起吃也很棒喔！」

單一個盤子裡準備了各式各樣的配料和沾醬，目的就是提供豐富的口味和多變化的吃法。衷心希望大家都能發掘自己最喜歡的吃法並樂在其中！

輕輕地擠出多餘的蛋液後，放入鍋中以些微沙拉油將表面蛋液煎熟，此時蛋液的精華也會被鎖在裡面。

麵包下鍋前必須將多餘的蛋液擠出，力道過重會變得乾乾硬硬的；過輕又會變得過於軟爛，因此擠壓的力道仍持續研究中。

再放入烤箱烘烤至外皮香脆。甜法式土司以烤溫150℃烘烤約17分鐘，鹹的則是約13分鐘。

材料有雞蛋、砂糖、牛奶及獨家調味祕方，製作甜法式土司與鹹法式土司所使用的蛋液必須使用不同的配方、浸置的時間也不相同，甜的口味是7小時而鹹的則是5小時。

食譜非公開

蘋果乳酪法式土司

麵包種類？ »» 法國長棍（Baguette）
浸蛋時間？ »» 7小時以上
烹調方式？ »» 鐵製平底鍋＋烤箱

Bread

目前使用的是麵包體氣孔細小的法國長棍，但仍不間斷的努力研發。製作甜法式土司切成約5cm厚薄，鹹法式土司則約為3cm。

「白花椰菜汁」

含有豐富的維他命C、B₁、B₂，對恢復疲勞及養顏美容有顯著的效果，很多人都會選擇和法式土司搭配享用。山崎主廚說：「當覺得很沉重疲倦時，只要喝下這蔬菜汁，瞬間就覺得身體變得輕盈許多喔！」

人氣 NO1。
「黑松露蜂蜜鵝肝法式土司」
（午餐時段附飲料）

選用匈牙利產的鵝肝，品質優良無腥臭味，搭配萊姆、岩鹽和珍貴的紅酒醋，可依照自己的喜好盡情地享用。

Yocco's French Toast Cafe
ヨッコズフレンチトースト カフェ

法式土司甜＋鹹共有十二項種類。總店位於自由之丘，另外還有吉祥寺和中野マルイ兩家分店，菜單都是相同的。

東京都世田谷区奥沢 5-42-3 Trainchi（トレインチ）內
☎03-5483-4600
營業時間：11:00至23:00（L.O.22:00）
公休日：不定期休假
HP：http://www.lobros.co.jp/french_lp
自由之丘站出口，徒步約1分鐘。

建議第一口什麼都不要沾，
先品嚐麵包和蛋液單純的
原味。第二口時再淋上滿滿
的楓糖漿及奶油享用。

擁有法式土司界
王者的美譽
開業以來堅持不變的食譜＆口味

主廚塚本伸次特別公開的
美味食譜！

東京大倉飯店 Orchid Room（ホテルオークラ東京 オーキッドルーム）

「主廚的執著」（「シェフのこだわりレシピ」）特地調配的家用版食譜就公布在東京大倉飯店的官網上，歡迎大家收藏試作！

http://www.hotelokura.co.jp/tokyo/restaurant/recipe/details/452

一談到日本有名的法式土司，不論哪個年代的人都會想到東京大倉飯店Orchid Room的法式土司。承傳著五十年以上歷久不衰的食譜，這就是所謂王者的氣勢呀！

以烤箱烘烤至膨軟的法式土司，外觀看起來彷彿舒芙蕾一般，且也有相同之處——上桌後一分鐘內就會開始塌陷，因此，主廚塚本伸次建議一上桌就盡快食用。

說到這食譜的由來得回溯至五十一年前，當時的主廚將遠從美國帶回的食譜、重新改編、稍做變化而成，而五十年來的洗練也確實成就了令人尊敬且不可動搖的地位。

法式土司的供應時間為早上及下午茶時間，由於餐點非常受到歡迎，為避免失望落空請務必事先預約。

食譜非公開

法式土司

麵包種類？ » 土司
浸置時間？ » 24小時
烹調方式？ » 不沾平底鍋＋烤箱

Bread

五十年以來不曾改變的三明治用土司，氣孔細緻綿密，厚度約4cm。

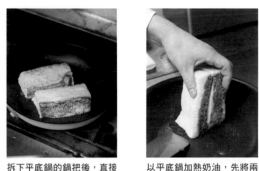

拆下平底鍋的鍋把後，直接放入烤箱，土司的正反兩面及側邊都要烘烤。

以平底鍋加熱奶油，先將兩側邊煎熟後，再將正反兩面煎至金黃。

將土司去邊切對半，接著淋上雞蛋、牛奶、砂糖和香草精混合而成的蛋液後浸置24小時。

塚本主廚推薦牛奶是最適合搭配法式土司的飲品。

將竹籤或金屬籤插入土司中央，取出後放在嘴唇上確認有無煎至通透。

以雙手如圖示夾住土司將多餘的汁液擠出。

將奶油放在鍋中慢慢地溫熱融化，去除雜質只留下清澈的「澄清奶油（或無水奶油）」。去除雜質後的奶油非常清香爽口。對一般家庭來說，自製澄清奶油既耗時又費工，主廚建議可以一半的沙拉油替代奶油，一樣可以作出清爽的口感。

清爽口感的祕訣就是「澄清的奶油」。

東京大倉飯店 Orchid Room
ホテルオークラ東京　オーキッドルーム
店裡優雅寧靜的古典設計感十分吸引目光，換上合適的衣裝後前往享用吧！別忘了需事先預約。
東京都港区虎ノ門2-10-4　☎03-3505-6069
營業時間：法式土司供應時間為早上7:00至10:00／下午茶14:30至17:00
公休：全年無休　HP：http://www.hotelokura.co.jp/tokyo/restaurant/list/orchidroom/
地鐵銀座線虎ノ門站出口，徒步約10分鐘。

　有不少男性顧客是不喜愛甜食的族群，但卻對「東京大倉飯店 Orchid Room」的法式土司讚不絕口。

食譜非公開

蜂蜜＆馬士卡彭起士法式土司

麵包種類？ »» 法國長棍（Baguette）
浸置時間？ »» 約10分鐘
烹調方式？ »» 日本南部鐵器鑄鐵平底鍋

作法　老闆特別透露

蛋液由雞蛋、牛奶、香草精和烘焙用砂糖調配而成。
將切片的法國長棍放入蛋液中浸置約10分鐘，平底鍋以微火融化奶油後先放入砂糖煮至焦糖化，再放入切片的法國長棍，兩面各煎約5分鐘。
煎好後再佐上義大利馬士卡彭起士及日本國產蜂蜜，撒上炒香的松子就完成了。請趁熱品嚐喔！

**苦甜法式土司的
絕配特調咖啡No.2」**

推薦與「蜂蜜＆馬士卡彭起士法式土司」搭配的特調咖啡，苦味香濃的重烘焙口味。

仔細挑選豆子的產地農場及精製方法，精心沖煮出的咖啡。為了追求最好的口味，會隨著季節更換豆子，本店認為烘豆的目的並不是要付予豆子味道，而是希望能夠引出豆子本身的特殊風味。

店長長戶先生曾經從事室內設計的工作，所以店內的裝潢相當的時尚，另外在廁所及天花板旁的牆面還有一些插圖，若在現場觀賞，一定會覺得很有趣喔。

自家焙煎珈琲
Mijinko

「Mijiko雖然是咖啡廳，但卻是因法式土司和厚煎鬆餅聞名」，這點令長戶店長感到有點疑惑，所以請大家來訪時別忘了品嚐看看這裡的咖啡吧！

東京都文京区湯島2-9-10湯島三組ビル1F
☎ 03-6240-1429　營業時間：11:00至20:00
（LO19:15。蛋糕及飲料除外）　★法式土司及厚煎鬆餅的供應時間為14:00至19:15（LO）　公休日：星期二及每月第一個星期一
HP：http://mijinco-coffee.com/
御茶水站（御茶ノ水駅）出口，徒步約8分鐘。

🍴 店裡的咖啡皆是以精選咖啡豆沖煮。老闆長戶先生邀請喜愛咖啡的你，請一定要來店裡坐坐。

雖然才開業不久，因甜點好吃而有名的Mijinko時常是大排長龍。

受到各年齡客層歡迎的「蜂蜜＆馬士卡彭起士法式土司」，表面焦糖化的土司撒上以慢火煎焙的松子，再搭配上香濃的馬士卡彭起士抹醬，如此調配後的口感會略帶苦味，因此非常適合搭配自家烘焙的咖啡。製作者是被稱之為「甜點的專家」的女性甜點師。

法式土司下午兩點後才開始供應，請各位來店前先確認。

因採訪當天客人不斷湧入，很遺憾無法順利進入廚房拍照，但店家還是大方提供了製作方法讓大家參考喔！

焦糖化的程度恰恰好
是無庸置疑的經典美味

平底鍋底部的焦糖可以用麵包沾著吃完，另外，鍋把的和風圖案布套是老闆小小的堅持。

28

LONCAFE（ロンカフェ）鎌倉小町店

肉桂巧克力法式土司

（附飲料）

麵包種類？ »» 法國麵包
浸置時間？ »» 未提供
烹調方式？ »» 鋁製平底鍋

Bread

選用法國長棍。依照LONCAFE獨創食譜製作。

將切成厚約5cm的法國麵包放入以獨家配方調製的蛋液中（浸置時間也是祕密）。

將麵包放入大量已融化奶油的鍋中，一邊煎一邊來回移動麵包幫助奶油順利滲透，蓋上鍋蓋燜煎至麵包成為膨軟狀態。

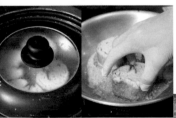

這時需進行祕密步驟：翻面後繼續煎。起鍋後淋上巧克力醬及豐盛的冰淇淋及鮮奶油即可。

圖片中是LONCAFE人氣度NO.1的「肉桂巧克力法式土司」，不甜膩的鮮奶油像是棉花糖般輕輕柔柔的無負擔感，令人想要再吃一盤。

在日本湘南地區，眾所皆知且擁有狂熱粉絲的法式土司專賣店「LONCAFE江之島店」，於夏天時，開了鎌倉小町分店。

菜單部分和江之島店相同皆有九種選擇，並增加一道淋上espresso風味的鎌倉小町店原創「Affogato風味法式土司」。（Affogato為義式濃縮咖啡冰淇淋）

LONCAFE土司的最大特色就是能同時享受到滿滿的冰淇淋和鮮奶油，豐盛的程度連下層的土司都快看不見了。以刀子切塊後入口的瞬間，「熱的、冰的、熱的、冰的、好甜、好鬆軟、好濃郁」交互刺激著口感與味覺而得到的愉悅感，逐漸地在細胞間擴散。

忠實粉絲分享：「LONCAFE的食物不是用來品嚐，而是用來『體驗的』，希望大家一定要來『體驗』看看。」

LONCAFE 鎌倉小町店
ロンカフェ鎌倉小町店

除了「鎌倉小町店」之外，還有「江の島總店」和靜岡縣的「Neopasa清水店（ネオパーサ清水店）」，皆被形容為——適合大海的法式土司。

神奈川縣鎌倉市小町2-7-32-2F ☎0467-38-4858
營業時間：平日11:00至20:00／法式土司最後點餐時間19:00・飲料最後點餐時間19:30　公休：全年無休
HP：http://loncafe.jp/　鎌倉站出口，徒步約2分鐘

LONCAFE的LON，代表的是本店所在的江之島的龍神（LON＝龍），也祈求「能與來自各地的客人們結下良緣」

絕對滿足挑剔的味蕾
冰熱交錯＆鬆軟且濃郁的
法式土司

精控火侯製出有趣的變化感
讓人元氣滿滿的法式土司

原味法式土司

麵包種類？ » **法國長棍（Baguette）**
浸置時間？ » **數十秒**
烹調方式？ » **烤箱**

Bread
歷經上百次蛋液滲透度實驗及口味調整的法國長棍，如果想要品嚐到「Sunday Brunch」法式土司的各式口感，祕訣就是大口切塊！

法式土司中所使用的楓糖漿，精選品質極高的Möpure公司所出產的正統Medium風味。

Sunday Brunch （サンデーブランチ）銀座店

Sunday Brunch 的每一塊法式土司的熟透程度都不一樣，製作過程十分費工，口感有鬆軟的、香脆的、還有濕潤濃稠感等不同變化。大口吃下的同時不禁思考著：「這口又會是什麼樣的口感呢？」期待的心情讓品嚐法式土司的過程也變得更有趣了。

其中的祕訣在於——烘烤時將麵包朝以不同方向的擺放方式，也就是說改變麵包的方向，與爐火直接受熱的面向就會不同，藉此產生不同變化的熟透程度。還有另一個重點就是——進烤箱前撒上磨碎的玉米片，香香脆脆的玉米片不只讓口味變香、口感上也更加活潑。

撒入玉米片的特殊手法是源自於紐約法式土司名店，可說是最新的隱藏版口味呢！

特典食譜大公開

對一般家庭而言，完全依照店裡的食譜製作實在太花時間了。為此特地設計了家用版食譜——來自Sunday Brunch的特典食譜，讓你在家也能重現的Sunday Brunch法式土司。

材料 （1人分）※蛋奶素

法國麵包 —— 1/2條
（切成約厚約2cm的一口大小）

蛋液

A
蛋 —— 4顆
砂糖（任何種類的糖皆可）
—— 2大匙
牛奶 —— 100mℓ
海鹽（推薦法國西部蓋朗德產的海鹽）—— 1/3小匙

香草冰淇淋 —— 120g

植物奶油 —— 適量
奶油、薄荷、楓糖漿、糖粉
—— 各適量

作法

1. 將A材料依序倒入鋼盆中，充分攪拌均勻。 ※請注意！放入砂糖後如果沒有馬上攪拌就會變得沙沙的狀態。

2. 利用微波爐將冰淇淋融化，倒入步驟1材料中攪拌均勻，並過篩（**a**・**b**）。

3. 將麵包放入蛋液中，接著將沾了蛋液的麵包以手掌來回擠壓數次，直到麵包吸滿蛋液，取出前再用力擠乾（**c**）。

4. 將烤盤塗上一層植物奶油並舖上烤盤紙，再將步驟3的麵包，以不規則方向擺放（**d**），以烤箱最高溫度烘烤約5分鐘（**e**）。 ※若烤盤中若還殘有蛋液時再烘烤一會兒。烤好後取出盛盤，根據個人喜好放上奶油及薄荷葉，也可撒上糖粉和楓糖漿搭配實食用。

以微波爐融化冰淇淋時，需根據各家廠牌的操作方式，有的機型需用解凍模式、或使用加熱模式等等，請於操作前先進行確認。

以篩網過篩的蛋液，口感會變得更好。

以不規則方向擺放麵包！

若能將擠出多餘蛋液的力道拿捏得恰到好處，成品就會變得很濕軟可口。

當麵包以不規則方式擺放時，每一塊麵包直接受熱的部位也會不同，因此也就產生了各式各樣的結果，增添了有趣且豐富的口感變化！

即使是不熟悉烤箱的人也可輕鬆完成喔！

Sunday Brunch
サンデーブランチ銀座店

除了「原味法式土司」之外，還有「苦味焦糖」、「鹽味巧克力」等季節限定的種類可供客人選擇。

東京都中央区銀座2-2-14 マロニエゲート4F
☎03-3567-3366 營業時間：11:00至21:00（L0:20:30）
公休：全年無休 HP：http://www.sundaybrunch.co.jp/
銀座站出口，徒步約4分鐘。。

所購買的蛋是以天然飼料飼育的雞所產下的蛋，鹽則選擇蓋朗德產的海鹽。
食譜也隨著時代的改變必須不斷地進行調整。

令人深深陶醉的蘋果肉桂麵包
排隊的口碑更教人想一嚐美味

融合了香脆、軟嫩、濃稠等
特點，幾乎無法形容的的特
殊口感，甜度適宜的高雅口
味。

Sarabeth's （サラベス）新宿ルミネ店

蛋液中蛋和牛奶的比例為1：1，不加入香草夾等其他調味料，非常單純。

以篩網過篩的蛋液，口感變得更佳。

為了表現麵包本身的美味，只需要稍微浸透蛋液即可。

將表面煎至焦黃香脆的程度，推薦一般家庭使用不易燒焦的不沾平底鍋即可。

蘋果抹醬
以新鮮蘋果及葡萄乾熬煮的天然抹醬，不含任何添加物，也提供瓶裝販售。

主廚 津留見和彦
工作態度相當嚴謹的Sarabeth女士，在美國十一間分店進行巡查時，因重要的細節未被妥善管理而多次動怒，但卻對主廚津留見卻給予完全的信賴，原因在於「這家Sarabeth's，無論是廚房的清潔或員工的教育，各方面管理都非常完善，甚至連餐點的口味似乎都比美國的Sarabeth's還好吃。」

Sarabeth's
新宿LUMINE店（ルミネ店）
幾乎不需要排隊的最佳入場時間為晚上六點之後的晚餐時段。

東京都新宿区新宿3-38-2 ルミネ新宿店 ルミネ2 2F
☎03-5357-7535 營業時間：9:00至22:00（L0餐點21:00、飲料21:30） 公休：全年無休
HP：http://www.sarabethsrestaurants.jp/
新宿站出口，徒步約30秒。

某一個平日的傍晚前往Sarabeth's時，被店員告知須等候約莫四十分鐘，一旁已是常客的朋友卻說：「今天算是能比較早進去的呢！」

到底是什麼原因，竟如此的吸引人呢？

「蘋果肉桂麵包」的味道、煎烤的香味、蛋液的甜味……全部融合為特別又迷人的香氣，足以讓人朝思暮想。

「Sarabeth's」提供的兩種口味的法式土司中，加有草莓的「鬆軟法式土司」較受客人歡迎，但編輯反倒是強烈推薦右圖中的「蘋果肉桂法式土司」，煎至表面香脆的麵包和香蕉片，搭配上特製抹醬一起品嚐，真是獨一無二的美味。

食譜大公開！

蘋果肉桂法式土司

麵包種類？ »» 「蘋果肉桂麵包」
浸置時間？ »» 一下就好
烹調方式？ »» 鐵板

材料（2人分）※蛋奶素
蘋果肉桂麵包 —— 4片（厚約3cm）
※一般家庭製作時推薦使用布里歐麵包。

蛋液
A｜ 蛋 —— 2顆（中型）
　｜ 牛奶 —— 120mℓ

無鹽奶油 —— 20g
糖粉、香蕉、葡萄乾、蘋果抹醬、楓糖漿、打發奶油（whipped butter）
—— 各適量

作法
1 製作蛋液。將A材料依序倒入鋼盆中，充分攪拌均勻後過篩（a・b）。
2 將麵包放入步驟1中，取出後輕輕地擠出多餘蛋液（c）。
3 鐵板（一般家庭製作時使用平底鍋即可）燒熱後加入奶油及麵包，兩面各煎約3分鐘，表面略為焦黃即可（d）。
4 將麵包斜角對切後盛盤，依個人喜好放上香蕉片、葡萄乾及蘋果抹醬，最後撒上糖粉和楓糖漿即可。

Bread

加入滿滿的蘋果丁和肉桂粉的山形土司，是為製作獨家法式土司而開發的特製麵包。食譜配方來自曾為麵包師傅的Sarabeth女士。

鬆軟式的法式土司

之所以會在日本展店，是因為Sarabeth女士本身就是哈日族，曾說：「日本這個國家，不管食物、居民、街道都太棒了！」還開心地分享著她剛購買的TOTO免治馬桶的喜悅。

從不知道剛磨好的黃豆粉竟會如此的美味，無論香氣、舌間觸感、或嘴裡的味道都相當的豐厚獨特。與法國長棍的搭配也非常出色。上頭淋的うめぞの是自家特製黑糖蜜。

京都甜品老店舖的經典絕品
現磨黃豆粉＆滿溢黑糖蜜

うめぞの CAFE&GALLERY（カフェ&ギャラリー）

a

使用的雞蛋是滋賀縣產的「ホタルの里」（螢火蟲的故鄉），蛋液中更奢侈地加入了「梅園」清水店和河原町店所使用的甜品黑糖蜜。

b

c

以筷子反覆翻轉麵包讓蛋液充分浸透。

抹茶

能和黑糖法式土司搭配的一定就是抹茶了。如奢華和菓子般的黑糖法式土司與抹茶的味道相當融合。還可加價升級為套餐，除了抹茶外還有抹茶豆漿、黑糖豆漿、綠茶……可供選擇。

團隊人員

「うめぞの」團隊的感情十分要好，大家總是在歡笑聲中各司其職地工作著。左起為小出紗矢香小姐、川治萌子小姐、負責人西川葵小姐。

うめぞの CAFE&GALLERY
うめぞの カフェ&ギャラリー

店內設有可供觀賞及販售的藝文展示空間，擺放著器皿或飾品等藝術家的創作。總店的「梅園」是昭和兩年創立的老店舖。河原町店、清水店的和風甜品也非常受歡迎。

京都府 京都市中京区不動町180　☎075-241-0577
營業時間：11:30至19:00（LO18:30）
公休日：星期三　HP：http://umezono-kyoto.com/cafe/
四条站、烏丸站B出口，徒步約7分鐘。

「うめぞの」是老甜品店「梅園」的第三代西川葵小姐，一手經營成長的咖啡廳，目前在京都相當受到注目。

本篇所介紹的黑糖法式土司，蛋液配方中使用了與「梅園」相同的黑蜜，自家特製的黑糖蜜及新鮮現磨的黃豆粉與法式土司相稱著，如此豪華的組合令人忍不住想一嚐為快。

和風味的新鮮黃豆粉與西洋麵包的兩種香氣，將黑糖的甘甜與濃郁完全包覆，咬下最後一口的同時，蛋香和豆漿的濃郁香氣瞬間擴散開來。對日本人來說既新穎又熟悉，可謂傳統與創新融合的最佳代表之作。

「美食當前毋須多言，吃就對了！」

食譜大公開！

黑糖法式土司

麵包種類？　» 法國長棍（Baguette）
浸置時間？　» 2至3小時
烹調方式？　» 不沾平底鍋加蓋燜煎

材料 （2人分）※蛋奶素

法國長棍 —— 8片（切成厚2cm）

蛋液

A｜ 蛋 —— 2顆
　 上白糖 —— 40g
　 黑糖蜜❶ —— 2小匙（參考右下作法）
　 液態鮮奶油 —— 30mℓ
　 豆漿 —— 90mℓ

沙拉油 —— 適量
黑糖蜜❷（參考右下作法）·黃豆粉·鮮奶油 —— 各適量

＊黑糖蜜❶是「梅園」所使用的特產品。一般家庭製作時，黑糖蜜❶和❷皆可以市售商品替代。

Bread

京都老店「進ヶ堂」的法國長棍。進ヶ堂的元老是在日本製作、販賣法國麵包的開創者，曾為了學習製作法國麵包的技術而留學法國。西川葵小姐說：「雖然也曾以其他的麵包嘗試製作，但還是進ヶ堂的法國長棍最適合拿來製作法式土司，無論是味道或膨脹感都相對穩定許多。」

作法

事前準備：製作黑糖蜜❶和❷（作法請參考下方說明）。

1 製作蛋液。將A材料依序倒入鍋盆中，以打蛋器攪拌均勻（**a**）。

2 將麵包放入步驟**1**的蛋液中，以筷子將麵包往下壓，讓蛋液充分浸透（**b**）。再將麵包移至平底容器中，將剩餘的蛋液淋在麵包上後靜置2至3小時（**c**）。

3 將少許沙拉油塗於平底鍋中，放上步驟**2**麵包，以小火加蓋的方式燜煎約3分鐘，翻面後再煎約2分鐘。

4 將步驟**3**盛盤，撒上手粉、淋上黑糖蜜❷及植物性鮮奶油就完成了。

黑糖蜜❶の作法（易作的分量）

這是「梅園」這家店舖用來淋在甜品上的黑糖蜜。將100g黑砂糖及130mℓ倒入小鍋中，加熱至沸騰後轉為小火再煮約2分鐘，並以木杓攪拌使水分蒸發（請注意！若煮過頭，放涼後會變硬），表面如有雜質，請一定要確實去除。

黑糖蜜❷の作法（易作的分量）

將100g黑砂糖及50g上白糖倒入小鍋中，再倒入水150mℓ，加熱至沸騰後轉為小火再煮約2分鐘，並以木杓攪拌使水分蒸發（請注意！若煮過頭，放涼後會變硬），表面如有雜質，請一定要確實去除。

當我不經意說出：「竟有如此奢華的法式土司呀！」這句話時，西川小姐回應：「是的，並且我們和總店清水店及河原町店使用相同材料一起製作的，僅有咖啡由我們自行沖泡製作。」

完全獨創
煎＆炸版法式土司

經煎＆炸後的法式土司表皮香脆，
與肉桂、砂糖融合為強烈風味，但
內部卻細緻鬆軟，咀嚼時還帶有些
許的香甜味與彈性。最令人意外的
是口感非常的清爽不油膩，很適合
搭配咖啡享用。

自家特製肉桂砂糖。

重點是不斷來回地翻轉麵包，讓麵包可以充分吸收蛋液。

不需要
以網子或紙巾
瀝油！

以筷子或料理夾輕輕翻面並觀察表皮的變化，溫度太低會讓成品變得過於軟爛，因此請以高溫炸至香脆。

另一個重點就是，當土司起鍋移至容器中時不需要以紙巾等方式去除油分。

圖中左為前任老闆前田隆弘先生，右為現任老闆剛先生。前田隆弘先生為了這次的拍攝，穿著全白色的帥氣西裝在夏天悶熱的廚房裡，俐落地忙碌著。且在拍攝後才曉得他是前任老闆前田隆弘先生，實在讓我嚇了一跳。這樣說雖有點失禮，但原以為咖啡廳的董事長應是悠閒度日。「不不不！現在才正要去外送咖啡呢！」這樣謙虛的態度讓我們不由感到敬佩。

前田珈琲 室町本店
本店是由和服專賣店，改裝而成的咖啡廳，因此即使在京都街道中也顯得相當醒目。近期咖啡和點心在網購通路也非常受到歡迎喔！
京都府京都市中京区蛸薬師通烏丸西入橋弁慶町236
☎075-255-2588　營業時間：7:00至19:00（LO 18:30）
公休日：全年無休　HP：http://www.maedacoffee.com/
四条站、烏丸站出口，徒步約5分鐘。

超厚8公分！以油炸替代油煎的創新方式製作，再舖滿自家特製的肉桂砂糖。這就是來自於創業時期人氣第一、現已成為京都老店的「前田珈琲」。

研發這個食譜的是前任老闆前田隆弘先生，回想起當年的法式土司：「好像是這樣的感覺吧！不過，這不就跟之前實習的咖啡廳『イノダコーヒ』的法式土司一樣了嗎？」前任老闆說：「不！完全不一樣！」

那麼，到底是怎麼樣的味道呢？第一眼會覺得很像營養午餐的炸麵包，嚐一口看看……輕輕的、香氣迷人、不會太甜、也不會太膩，光以眼睛看是無法想像出這樣的美味！請一定要親自來品嚐看看！

食譜大公開！
懷舊法式土司

麵包種類？　»　土司
浸置時間？　»　10至15分鐘
烹調方式？　»　以不沾平底鍋炸

材料（1人分）※蛋奶素

土司 —— 2塊
（切成約8cm厚片後去邊切半）

蛋液

A｜蛋 —— 2顆（中型）
　｜牛奶 —— 40mℓ
　｜奶油 —— 20mℓ（4小匙）

肉桂砂糖（易作的分量）

B｜肉桂粉 —— 20g
　｜砂糖 —— 100g

沙拉油 —— 適量

作法

事前準備：將B料混和為肉桂砂糖（a）。

1　將A依序放入鋼盆中以打蛋器攪拌均勻。

2　將麵包放進步驟1的蛋液中，並翻面讓蛋液滲透（b），靜置約10至15分鐘。

3　在平底鍋中倒入高約2公分的沙拉油，並加熱升溫至180℃（將乾燥的筷子放進油鍋中試驗，當周圍出現細小氣泡時即可）。

4　將步驟2材料輕輕放入平底鍋中炸至金黃，時間需約5分鐘（c）。

5　將步驟4成品起鍋移至容器中，撒上滿滿的肉桂砂糖（d）後再盛盤裝飾即可。

Bread

本店使用的是京都老店「進ヶ堂」為了前田珈琲研發特製的土司。進ヶ堂的元老是首位為了學習麵包製作而留學歐洲的開創者。「現在雖然也有很多好吃的麵包店，但都沒有能像進ヶ堂般，以正統的方式製作麵包，老一輩的人所下的苦功真的是很令人敬佩，真不愧是將京都麵包文化發揚光大的第一功臣」前田隆弘先生這麼說。

從一開始使用的蛋液，材料就只有蛋而已，直到約二十年前開始，為了跟上時代的潮流，才開始加入鮮奶油、牛奶等豐富食材。（前田隆弘先生提供）

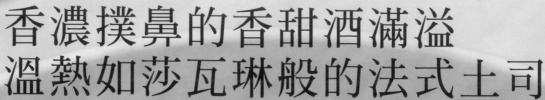

香濃撲鼻的香甜酒滿溢
溫熱如莎瓦琳般的法式土司

老闆的拿手麵包為種類豐
富的法系麵包，確實，法式土
司也如同法式甜點般，甜蜜
又美麗。

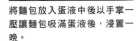

CAFE KOSCI（カフェ コチ）

可說是京都咖啡熱潮的先驅——CAFE KOSCI。原是麵包師傅所開的麵包店，在收銀台旁的玻璃櫃中，排列著許多剛出爐的熱騰騰麵包。

店裡的法式土司使用加入了糖漬橙皮和葡萄乾的「橙香葡萄乾麵包」。蛋汁則是加入帶有可可風味、香甜濃郁的「貝禮詩奶酒」。加熱後再淋上滿滿的蜂蜜及冰淇淋。

如果要形容，有點像是吸滿了酒香的成熟風味，熱的「莎瓦琳savarin」的味道。

是飯後會想品嚐的一道甜點。

放入冷凍庫可將美味度保存！

將麵包放入蛋液中後以手掌一壓讓麵包吸滿蛋液後，浸置一晚。

將浸置一晚蛋液的麵包以保鮮膜緊密包覆後，放入冷凍庫約可保存三天。事先庫存的麵包不需解凍即可直接加熱，非常方便。

以手指輕壓讓麵包吸附奶油。

貝禮詩香甜奶酒含有愛爾蘭威士忌與可可，是微苦的奶油風味香甜酒。在日本是由KIRIN代理，在大型超市、酒類專賣店、烘焙材料行等可以找到。

食譜大公開！

橙香葡萄乾の法式土司

麵包種類？ » 橙香葡萄乾麵包
浸置時間？ » 一晚
烹調方式？ » 不沾平底鍋加蓋燜煎

材料 （1人分）
橙香葡萄乾麵包 ── 1個
※一般家庭可使用葡萄乾奶油餐包替代。

蛋液

A	蛋 ── 1顆
	鹽 ── 1小撮
	砂糖 ── 6g
	香草精 ── 2滴
	貝禮詩奶酒 ── 1大匙
	牛奶 ── 250mℓ
	液態鮮奶油 ── 250mℓ

無鹽奶油 ── 5g
蜂蜜、炒過的杏仁、糖粉、肉桂粉、冰淇淋、薄荷葉……
　── 各依個人喜好調整

作法

1 將材料A放入鋼盆中攪拌均勻。

2 將麵包切片成約1.5cm的厚度（**a**），放入步驟**1**蛋液中浸置一晚（**b**）。
※浸置後可以保鮮膜包覆、存放（**c**）。

3 於熱鍋中放入奶油，待奶油融化後放入步驟**2**的麵包，以手或料理夾輕輕移動，讓麵包確實吸附鍋中的奶油並以中火煎至焦黃（**d**）。

4 將麵包翻面、轉小火，加蓋煎約3分鐘，直到麵包被燜煎至膨起。盛盤後依照個人喜好加上蜂蜜、炒過的杏仁、糖粉、肉桂粉，最後再放上冰淇淋及薄荷葉裝飾。

Bread

「橙香葡萄乾麵包」上面撒有日本あられ糖的自家特製的花式餐包。「一般家庭製作的話，以葡萄乾奶油餐包替代也是沒有問題的」老闆坪倉直人說。

CAFE KOSCI
カフェ コチ

客層大多為居住在京都的成年人，職業多為藝術家、攝影師、精品店老闆等。

京都府京都市中京区福長町123 黃瀬大樓2F
☎075-212-7411 營業時間：12:00至23:00（LO22:30）
公休日：每月第三個星期三和每週四
京都市役所前站出口，徒步約5分鐘。

　CAFE KOSCI也是有名的藏書咖啡館，店內書架上擺滿了老闆自友人那募集而來的書，店內各式的獨特書架的設計也相當地有意思。

包裹豐富香料與堅果
專屬於紅茶的華麗法式土司

老闆松浦先生說：「紅茶與法式土司的風味互相融合而更顯深度，極力推薦搭配紅茶試看！」

a

b

c

d

將印度茶中一定會加入的綜合香料也加入蛋液中。

將蛋液過篩以避免結塊。

避免浸置過久而讓麵包變得太軟爛。

e

煎烤的祕訣
就是要
刮起蛋液！

f

挑選個人喜歡的杏仁片、杏仁、南瓜子、核桃等堅果，兩種以上會更好吃喔！

tea room mahisa（ティールーム マヒシャ）

位於神戶的名店mahisa，不同於一般，是非常具有異國風情的神戶紅茶名專賣店。mahisa的法式土司使用了印度茶中不可或缺的各式料。一口咬下時，滿溢出的是華麗的香料及烘烤過的堅果香，接著是跳躍而出的萊姆酒香，可說是非常具有個性的味道。另外，麵包控制在燒焦之前起鍋，微焦又帶點苦味的口味，也是mahisa的特色之一。

老闆松浦先生毫不考慮的說：「濃濃的紅茶最適合搭配這樣的法式土司了！例如經典阿薩姆濃厚的口感最適合搭配本店的法式土司了！」

食譜大公開！

喀什米爾法式土司

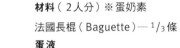

麵包種類？ » 法國長棍（Baguette）
浸置時間？ » 5至8分鐘
烹調方式？ » 不沾平底鍋

材料（2人分）※蛋奶素

法國長棍（Baguette）── 1/3條

蛋液

A　蛋 ── 2顆
　　牛奶 ── 160mℓ
　　液態鮮奶油 ── 30mℓ
　　鹽 ── 2g
　　蜂蜜 ── 10g
　　萊姆酒 ── 1小匙
　　印度綜合香料粉 ── 1小匙
　　※以印度茶香料粉取代亦可。
　　三溫糖 ── 50g

無鹽奶油 ── 8g
依照個人喜好準備烘烤過的堅果類、巴西里、鮮奶油、冰淇淋、楓糖漿
　── 各依個人喜好調整

作法

1　將法國長棍由中間剖半後，各自再分成三等分（**a**）。

2　製作蛋液。將**A**材料依序放入碗中（**b**），確實攪拌均勻並過篩一次（**c**）。

3　以料理夾將步驟**1**的麵包一次就完全地浸入蛋液中（**d**）。

4　將奶油4g放入已溫熱的平底鍋中融化，接著放入步驟**3**麵包以中火煎烤，此時以麵包沾取擴散開的蛋液並持續煎烤（**e**）。

5　待麵包微焦後轉小火，加入剩下的奶油繼續煎烤麵包表面（約需3至4分鐘）。
　　※冬天較冷時，加蓋以半燜煎方式烹調。春、夏、秋時則不需加蓋也OK。煎好後盛盤，依個人喜好加上堅果（**f**）、鮮奶油、巴西里和冰淇淋，最後淋上楓糖漿即可。

※薄撒少許黑胡椒也很美味。
※使用冷凍麵包製作時，退冰後噴上一點水分，麵包會變得較為柔軟美味。

tea room mahisa
ティールーム マヒシャ

運氣好的話也許店裡會有栗蜂蜜喔！請勇敢詢問店員吧！現作的餐點加入一點栗蜂蜜，真是好吃得難以形容呀！

兵庫県神戸市中央区下山手通2-1-12　☎078-333-7451
營業時間：13:00至23:00　公休日：全年無休
HP：http://www.o-cha-ya.com/mahisa
三宮站出口，徒步約3分鐘。

Bread

使用的是イスズbakery的法國長棍。鹽味明顯，即使只沾醬料也很好吃。「每個神戶人的心目中幾乎都有自己特別喜歡的『最愛麵包店』，而我心目中的就是イスズbakery。」松浦先生說。

　老闆松浦先生在一次的印度旅遊中，發現了紅茶的美味之處，當時便立下決心「在日本開一間紅茶專賣店」，後帶著這分熱情回到了日本並實現了。

只使用蛋製作蛋液
是傳說中的
始祖級口味！

使用嚼勁十足、以刀子插入會感
到Q彈的麵包。不加蜂蜜只吃單
純的口味時，讓人會有種「想不
到煎蛋的風味竟如此迷人」的感
覺。

CAFE BAR Kobeko（カフェ・バール　こうべっこ）

老闆 古川睦先生

日本大正時代出生的老媽媽時常作法式土司給古川睦先生吃。一聽會覺得：「果然神戶人都很時髦呀！」而老闆卻笑著回答：「但我母親是在丹波筱山出生的呢！」

古川先生堅持蛋不能打得太均勻，大約八分的程度就可以了，這麼一來煎的時後才會出現如大理石般的華麗紋路。

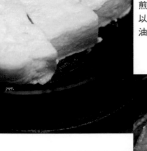

「雖然一般都認為用奶油煎烤會比較香，但店裡從以前到現在都是使用沙拉油」古川先生說。

將麵包單面煎至金黃微焦後翻面，不只是上下兩面，側邊也都要煎至金黃！

不時地以筷子輕壓土司，不會滲出蛋液時就可起鍋了！

從二十年前以來こうべっこ使用的蛋液只用兩顆蛋和一大匙的牛奶調配而成，未曾變過。

這就是小時候常吃到的媽媽的味道呀！「現在蛋液的配方都非常豪華，其實以前連牛奶都不加，只使用蛋和水一起拌成的蛋液。當要吃的時候，才撒上如雪般的砂糖，真的是很好吃呢！」老闆古川先生說。

或只使用蛋，並以沙拉油替代奶油，即使這樣的配方，也美味的令人驚訝不已。以這個極為簡單的配方所作成的法式土司，若稱之為日本「始祖級」的味道也不為過吧！

食譜大公開！

法式土司

麵包種類？ » 土司
浸置時間？ » 一下下就好
烹調方式？ » 鐵製平底鍋不加蓋

材料（1人分）※蛋奶素

土司 — 1片（厚約2.5cm）

蛋液

A ｜ 蛋 — 2顆
｜ 牛奶 — 1大匙
｜ （若麵包較硬可增量）

沙拉油 — 適量
蜂蜜 — 適量

作法

1　將材料A放入鋼盆中攪拌均勻。將土司橫切三等分後放入蛋液中（**a**）。

2　熱鍋後放入沙拉油，油熱後轉為中火並放入步驟**1**的麵包（**b**）。

3　煎至微焦後翻面，側邊也需煎烤（**c**），不時以筷子輕壓（**d**），表面皆煎至金黃微焦狀態，起鍋盛盤，最後淋上蜂蜜。

Bread

一家神戶老舖，供商務使用名為「一の宮Bakery」的土司。

CAFE BAR Kobeko
カフェ・バール　こうべっこ

創立於1976年，三明治餐點的種類眾多，內容豐富而美味。推薦風味絕佳的「白蘆筍三明治」。

兵庫縣神戶市中央區加納町2-9-2 山浦７７大樓 1F
☎078-222-1297　營業時間：7:00至17:00
公休日：每週four　新神戶站出口，徒步約5分鐘。

令人忍不住想去拜訪的氛圍。

「近年極為流行的名詞Bar，『こうべっこ』早在37年前早已成為店名的輕食店了呢！」常客驕傲地說。

另外也有以一半厚度土司製作的「法式土司S」雖只是麵包的厚度不同，不可思議地，嚐起來的味道卻也完全不同，但一樣的非常受歡迎。

老闆平崎直子小姐。從小就非常喜歡法式土司，放學回家後還會自己作法式土司來當作小點心。

將戰後建築改裝成咖啡館的 Gâteaux Favoris，是當前頗受注目的甜點店，店裡使用的材料都是無農藥、無添加物的天然有機食材。因眾多法式土司愛好者而一躍成名的 Gâteaux Favoris 法式土司，讓人不禁帶著雀躍的心情到訪。

法式土司送來的瞬間，一股濃郁的起士香撲鼻而來！口感鬆軟濕潤，入口即化，就像飯店裡，主廚現做的歐姆蛋一般。這不只是法式土司愛好者會喜歡而已，喜歡起士的你也一定要來吃吃看！一定會讓你非常感動的！

法式土司（附沙拉）

550日圓

麵包種類？ » 英式土司
浸置時間？ » 約5分鐘
烹調方式？ » 鐵製平底鍋加蓋燜煎

Bread

經過多次試驗比較後，選擇了蛋液滲透度和口感都很適合的六枚切的英式土司。

蛋、鹽、牛奶混合成蛋液後再磨入大量的帕馬森起士，將麵包浸置在蛋液中約5分鐘並不時的翻面，而味道則取決於少量加入的鹽分！

將剩餘的起士粉也一起加入吧！

熱鍋後放入大量奶油，待奶油融化後放入麵包，並將剩餘在碗或盤子中的起士也一起加入。

以中火煎約1分鐘後，再翻面，加蓋再煎2至3分鐘。

Gâteaux Favoris
ガトー・ファヴォリ

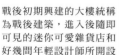

戰後初期興建的大樓統稱為戰後建築，進入後隨即可見的迷你可愛雜貨店和好幾間年輕設計師所開設的小服飾店，豐富熱鬧的就像女孩們的文化祭一般。

兵庫県神戶市中央区栄町通3-1-7 栄町ビルディング208
☎078-599-9208　營業時間：12:30至19:00
公休日：每周一、二
HP：http://gateauxfavoris.com/
元町站出口，徒步約7分鐘、みなと元町站口，徒步約2分鐘。

🍴 除了小西點外，店內還陳列了老闆娘嚴選的紅茶及果醬等，
特別推薦可自由選擇種類的一人分可外帶紅茶！

捲起的起士歐姆蛋！
如神戶般時尚的法式土司

外表看起來確實像鬆鬆軟軟的煎蛋，但是表面的蛋液與起司跟土司完美融合，成為法式土司無法言喻的美味。

Pancake cafe & Diner mg.（パンケーキカフェ＆ディナーエムジー）

本專賣店在蛋液中加入了帕馬森起士・奶油起士・格拉娜・帕達諾起士，浸置二十四小時後所完成的豪華級法式土司，口味有如品質細密的蛋豆腐般，意外的清爽可口，搭配西班牙蒜味海鮮小點一起享用，立刻就能感受三種起士鮮明的香氣。不管是單吃或是搭配西班牙美食ajillo（如下圖）都非常的好吃。如此美味的起司，是經過多次試驗後所研發出最美味的組合。

事實上，主廚曾在日本料理店研修學習，因此才能作出如此細膩的日本風味法式土司呀！

精選三種起士的超級豪華組合

西班牙蒜味海鮮小點是以新鮮番茄細心料理而成。帶有濃厚的起司風味。

西班牙蒜味海鮮＆法國長棍法式土司

麵包種類？ » 法國長棍（Baguette）
浸置時間？ » 24小時
烹調方式？ » 鐵板＋烤箱

Bread
委託熟識麵包店特製的法國麵包，寬度比普通的法國長棍要再寬一些。

將蛋、牛奶、鮮奶油混合後，加入帕馬森起士、奶油起士和拉娜・帕達諾起士，以小火溫熱溶解，再將切成厚約1cm的法國麵包放入浸置24小時。

在鐵板燒的厚鐵板上放上大量奶油，再放上吸滿蛋液的麵包，兩面各小心慢煎約2分鐘。

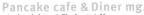

接著放入預熱至220℃的烤箱，烘烤約10至15分鐘。若膨脹隆起則表示已烘烤完成。

Pancake cafe & Diner mg.
バンケーキカフェ＆ディナーエムジー

除了法式土司還有另外兩種口味可以選擇，「甜點＆法式土司」和「歐姆雷＆豆漿法式土司」

大阪市中央区南船場3-8-7　三栄ムアビル1F
☎06-6252-7224
營業時間：週一至週五11:00至24:00（LO23:00）／週六・週日及國定假日10:00至24:00（LO23:00）
公休日：全年無休　HP：http://mg-mahana.com/
心齋橋站出口，徒步約5分鐘。

設有個人及開放式包廂，適合各種聚餐、生日會等活動使用。
每週三晚7點至7點半有草裙舞表演可供觀賞（山根淳先生提供）。

以可可油煎烤的
窯燒口味法式土司

發酵奶油の
蜂蜜法式土司
～添加北海道鮮奶冰淇淋＆鮮奶油～

麵包種類？ »» 自家特製土司
浸置時間？ »» 24小時
烹調方式？ »» 不沾平底鍋＋烤箱

Bread
以湯種直接法特製的土司，
9cm的邊長比起一般方形土司
要小一些，清爽的口味與蛋液
和配料融合得恰到好處。

使用發酵奶油、「北海道酪農公社」新鮮牛乳與冰淇淋等高
級食材製作的法式土司。

46

Hug Frenchtoast Café (ハグ フレンチトースト カフェ)

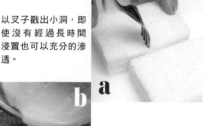

以叉子戳出小洞，即使沒有經過長時間浸漬也可以充分的滲透。

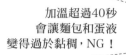

美味關鍵之一不可省略的重要步驟！

過篩可以去除蛋白中的繫帶，不但可提高蛋液的吸水率，口感也會變得更好。

加溫超過40秒會讓麵包和蛋液變得過於黏稠，NG！

此步驟時，盡量不要移動麵包，若過度翻動就無法完成鬆軟可口的法式土司了。

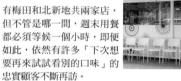

使用派盤或焗烤皿製作相當方便。

說到大阪的人氣窯燒法式土司專賣店，就一定會想到Hug Frenchtoast Café。光是種類就有麵包、土司、法國長棍、佛卡夏、丹麥麵包、英式馬芬、鄉村麵包等七種，而且全都是岡崎馨主廚特地為法式土司所研發的特製而成。「既然稱之為專賣店，就應該要有專賣店的樣子」因此，店裡的餐點種類高達二十四種！餐點與甜點類皆有豐富的選擇。

這麼多的餐點中，最受歡迎的就是「發酵奶油の蜂蜜法式土司」，將土司直接挖空製作，是相當具有視覺效果的一道餐點；即使是如此豐盛的大分量餐點，女性顧客依然可以一點一點的慢慢吃光，其中的祕密就在於使用了可可油。可可油是一種口味清爽、可以幫助消化（且不易形成脂肪！）的一種油脂。在家製作時也一定要使用看看！

「店家製作餐點，是以將土司直接挖空的製作方式，對一般家庭來說應該有點困難」，考量到一般家庭的心聲，主廚特替改以較簡單的方式，讓各位在家也一樣可以吃到美味的法式土司。即使是第一次也不用擔心！製作出美味法式土司的祕訣都在這兒！

法式土司食譜大公開

麵包種類？ »» 土司
浸置時間？ »» 一個晚上，或以微波爐加熱40秒
烹調方式？ »» 半底鍋＋烤箱

材料（1人分）※蛋奶素

土司 —— 1片（4等分厚片）

蛋液

A
蛋 —— 2顆（中型）
牛奶 —— 300mℓ
砂糖或上白糖 —— 20g
煉乳 —— 30g

※濃稠與綿密感的小祕訣。與使用鮮奶油不同，更利於保存的配方，很適合一般家庭。

B
可可油 —— 2大匙
含鹽奶油 —— 2大匙

※也可以改成3至4大匙沙拉油＋2大匙奶油。

作法

1 土司去邊、切半後，以叉子戳出小洞，讓蛋液可以更充分的浸透（**a**）。

2 將材料**A**依序放入鍋盆中，以叉子等工具，利用切拌的方式混合均勻後過篩（**b**）。

3 將蛋液和麵包放入耐熱容器中，麵包的兩面各以600W微波加溫各20秒（**c**）。

4 熱鍋後放入材料**B**油類，溫熱後再放入步驟**3**的麵包，以中火煎至兩面焦黃（**d**）。

5 將烤盤紙鋪於耐熱容器中，將步驟**4**的土司（**e**）放入，接著放入已預熱至烤溫200℃的烤箱中，烘烤約5分鐘即可。

※若使用的是小烤箱，上下必須先鋪上鋁箔紙，再以200℃烘烤約5至8分鐘，途中並不時地觀察烘烤的狀況。出爐後的法式土司很快就會塌陷變形，請務必趁熱享用！

Hug Frenchtoast Café
ハグ フレンチトースト カフェ

有梅田和北新地共兩家店，但不管是哪一間，週末用餐都必須等候一個小時，即便如此，依然有許多「下次想要再來試試看別的口味」的忠實顧客不斷再訪。

大阪市北区曽根崎新地1-1-49　梅田滋賀ビル1F
☎06-4797-6216　營業時間：週一至週六11:30至23:00（LO22:30）/週日及國定假日11:30至21:00（LO20:30）　公休日：全年無休
HP：http://www.hug-cafe.jp/
淀屋橋站出口，徒步約5分鐘。

Hug Frenchtoast Café負責行銷宣傳的流田先生，最喜歡的就是發酵奶油の蜂蜜法式土司，原因是「Q彈的口感在別家店是找不到的喔！」。

由名古屋的平民點心「小倉紅豆土司」變化而成。五片法國長棍和滿滿疊起的紅豆餡和鮮奶油，整體口味的平衡度，不管是法國長棍或是奶油的風味，都融合得可圈可點。

以這精緻豐盛的擺盤
就足以抓住
名古屋人的心了！

48

maman（ママン）

在麵包表面撒上杏仁粉，煎至焦黃酥脆時，堅果的香氣能使整體風味更加提升。

以爛煎的方式烹調可讓麵包中間變得又膨又軟，奶油的風味也會濃縮滲入麵包中。

奶油融化開始產生小泡泡時放入法國長棍，並注意不要讓奶油燒焦。

煎至微焦的程度即可。麵包表面的杏仁粉很容易燒焦，因此需較弱的中小火仔細煎烤。

重點就是淋上滿滿的煉乳！

在每片法式長棍上都淋滿大量的煉乳，由於蛋液中並沒有加入砂糖，因此一口氣吃光也沒有問題。

maman
ママン

甜點之外的餐點選擇也很豐富。熱鬧大須區中，這是一間會讓人放鬆的舒適和風咖啡廳。

愛知縣名古屋市中區大須3-5-1 ☎052-261-3515
營業時間：11:30至22:00（LO21:00）、週四至週六至24:00（LO23:00） 公休日：每週第一、第三個星期三
名城線・矢場町站出口，徒步約5分鐘。

如店名「maman」一般，店裡提供的餐點都像是由媽媽親手製作般的溫暖料理。而當中最為自豪的就是自家製蛋糕。除了每日新鮮製作的派塔與戚風蛋糕之外，還因為心中懷抱著「想要讓客人吃到現作的溫暖甜點」的此份心意，兩年前研發了法式土司餐點。為了重現令人懷念的家庭美味，老闆堅持不過度使用特殊食材，取而代之的是改變調理和擺盤的方式，讓家庭料理看起來多了些奢華且時尚。法式土司分為餐點及甜點兩種類型，以不同的配料凸顯不同的特色，費盡心思希望讓人吃到最後一口都可以非常滿足。

食譜大公開！

小倉紅豆煉乳牛奶の法式土司

麵包種類？ ≫ 法國長棍（Baguette）
浸置時間？ ≫ 1至2分鐘
烹調方式？ ≫ 以平底鍋半爛煎

材料 （1人分）※蛋奶素

法國長棍 — 5片（厚約3cm）

蛋液

A｜蛋 — 1顆
　｜牛奶 — 100mℓ

奶油 — 15g
杏仁粉 — 適量
煉乳・小倉紅豆餡・液態鮮奶油 — 大量
玉米片・糖粉 — 各適量

Bread

選用氣孔粗大、表皮不要太厚、直徑約7cm的法國麵包，這樣的麵包特性能讓蛋液充分滲透。

作法

1　鋼盆中放入蛋，確實打散後加入牛奶，並再次混合均勻。

2　將法國長棍排列於盤中，來回淋上步驟1的蛋液。當所有麵包都吸滿蛋液後翻面，再浸置約1至2分鐘。

3　奶油放入鍋中以中小火加溫，等待奶油融化的同時，在步驟2的麵包表面撒上杏仁粉（a）。

4　待步驟3的奶油融化後，以沾有杏仁粉的一面朝下，將麵包排入鍋中（b），再次撒上杏仁粉於麵包朝上的一面。

5　加蓋爛煎約2至3分鐘（c）。煎至表面焦黃後，翻面再次加蓋爛煎約2約3分鐘。

6　掀蓋後，視情況翻面煎至微焦（d）。盛盤時先放入三片法國長棍排入盤中，淋上大量的煉乳後再疊上另外兩片，再淋上滿滿的煉乳（e）。

※因為蛋液中並沒有加入砂糖，因此煉乳的分量大約是比一般再多一點點的分量較剛好。

7　依序將小倉紅豆餡、打發鮮奶油、煉乳、玉米片等配料放上，最後撒上糖粉即可。

端上桌的瞬間，任誰都會感到驚訝的超值分量，但不管男女，還是以此當作餐後甜點的客人，仍可以一滴不剩的吃光光。

膨膨軟軟卻又彈力十足的絕妙
法式土司,麵包邊非常容易入口
而不突兀,一口咬下的融合感也
相當地出色。圖中是以栗子和巧
克力妝點成秋季感的「栗子&迷
你巧克力の 法式土司」。

深深被法式土司所吸引的老闆
對於口感有著追根究柢的堅持

Ameiro Café（アメイロカフェ）

a

以上下翻轉、擠壓側邊的方式幫助蛋液浸透，擠壓的力道輕柔不需過度用力。

b

加蓋的作用就和烤箱一樣，可以讓熱度在短時間內深入麵包中，如此一來就能作出口感濕潤柔軟的法式土司了。

c

老闆掌控鍋內溫度的小祕訣！

老闆一貫的堅持就是「以小火細心慢煎」。而過程中放入的奶油，除了增添風味之外更重要的功能就是降低鍋內的溫度，麵包一旦烤焦就糟蹋了原本的美味了。

d

側邊也以細火稍微慢煎，精華濃縮後的外皮會變得更加香脆美味，但外皮很容易燒焦，因此只需稍作煎烤即可。

老闆

不滿足於現狀而一直不停地進行研究的老闆水野將寬先生，深深被法式土司所吸引著，每日都以研發出更加美味的法式土司而努力不懈著。

Ameiro Café

隱藏在住宅區角落的小咖啡廳，周末到訪的顧客多為法式土司慕名而來，相當受到歡迎。

愛知縣名古屋市西區又穗町1-16-2　☎052-523-5335
營業時間：9:00至18:00　公休日：每週二
HP：http://www.utt-w.com/ameiro/index.html
地下鐵鶴舞線・庄內通站出口，徒步約15分鐘。

將法式土司列為主打看板菜單的咖啡廳，在名古屋相當難得一見。對口感相當重視的老闆，挑選食材當然也不馬虎，選用甜度佳又彈力十足的褐色殼蛋、保證最適合用來製作法式土司的法國長棍等高品質食材。為了追求表面薄脆而中間柔軟的口感，經過多次失敗後，最後以小火控制溫度的方式達到了目的。避免鍋中的溫度過高，利用在製作途中加入奶油等方式，確實地進行溫度控制。

「法式土司的材料雖然很簡單，但無限創意的可能性卻讓它充滿了魅力。接下來也會繼續追求進步，以成為名古屋的法式土司推廣店為目標而努力！」老闆水野先生說並衷心期待日後的蓬勃發展呀！

食譜大公開！

栗子＆迷你巧克力の法式土司

麵包種類？　»　法國長棍（Baguette）
浸置時間？　»　約5分鐘
烹調方式？　»　以平底鍋半燜煎

材料（1人分）※蛋奶素

法國長棍 —— 3片（厚約5cm）

蛋液
| 蛋 —— 1顆
| 牛奶 —— 50mℓ
| 砂糖 —— 15g

奶油 —— 15g
巧克力醬・香草冰淇淋・布朗尼・栗子醬・糖漬栗子・可可粉・糖粉・巴西里 —— 各適量

Bread

外皮較軟的法式長棍。有著明顯的小麥香和甘甜味，是經過多次的品嚐和尋找才確定的最佳選擇。

作法

1　將蛋、牛奶、砂糖放入鋼盆中，仔細攪拌至整體變得光滑均勻。

2　在料理盤等容器中排入法國長棍，倒入步驟**1**蛋液後，輕壓麵包讓蛋液滲入並上下翻轉，浸置約5分鐘，直到蛋液充分滲入即可（**a**）。

3　平底鍋中放入奶油後開小火，待奶油沸騰起泡時放入步驟**2**麵包，加蓋燜煎約1至2分鐘（**b**）。

4　掀蓋並將麵包翻面，接著再放入少量（分量外）的奶油（**c**），待麵包整體都吸附奶油後，再度蓋上鍋蓋燜煎約1至2分鐘。

5　兩面煎至金黃後，將麵包立起，將側邊的皮也稍作煎烤（**d**）。

6　先以巧克力醬裝飾盤底，擺上完成的步驟**5**麵包，旁邊放上冰淇淋和市售布朗尼、淋上栗子醬（市售的也可以）後，再以糖漬栗子、可可粉、糖粉和巴西里作裝飾。

提供外帶或Buffet型態的點餐方式。水野老闆今後的目標是，想開發出即使冷掉了也很美味，及適合搭配葡萄酒或香檳享用的法式土司。

特選白蘭地
以Flambé烹調增添香氣

沒有多餘的裝飾，極為樸素的擺盤卻讓人期待感倍增。蛋液充分泛透的濕潤口感＆難以形容的高級感。看似簡單，但實際上是道手續繁雜的精緻餐點。

CAFE FILLE de VINCENNES （カフェ フィユ ドゥ ヴァンサンヌ）

為了避免擠壓變形的麵包影響軟嫩口感，在不變形的原則下，以適度的力道擠壓麵包，讓蛋液可以充分浸透即可。

巧用力道搖晃平底鍋，讓麵包將奶油吸入麵體中。老闆笑著說：「不這樣作的話很浪費奶油嘛！」。

讓單純的法式土司成為大人口味的白蘭地Flambé。不但加強了口味的深度，更增添了高級的感受。

由於使用較厚的麵包，若單以平底鍋烹調會造成水分過度蒸發，因此需要以烤箱輔助完成。

完成的法式土司表面會冒出沸騰的氣泡，代表熱度已確實地滲透進麵包中心了。

直接以整片厚片土司製作，幾乎沒有任何裝飾的極簡擺盤，僅以奶油、楓糖漿、糖粉及根據個人喜好自由添加的肉桂粉增添風味。而說到令人眼睛為之一亮的白蘭地Flambé（在食物上澆上白蘭地後，以火點燃的料理法），老闆卻很平淡的說：「其實也沒有什麼特別的，以Flambé料理肉類和魚也不影響食材的風味不是嗎？」雖是這麼說，但僅以奶油和楓糖漿裝飾是無法表現出奢華的大人風味呀！其實老闆在餐點視覺呈現上的想法可說是掌握得非常精準到位呢！店內的法式土司餐點誕生於二十五年前，至今仍依循當時的食譜製作，沒有華麗的裝飾和變化，堅持以一貫的美味來征服顧客的心。

法式土司

麵包種類？ » 英式土司
浸置時間？ » 約5分鐘
烹調方式？ » 平底鍋＋小烤箱

材料 （1人分）※蛋奶素

英式土司 —— 1片（厚約5cm）
蛋液
　蛋 —— 2顆
　砂糖 —— 2小匙
　牛奶 —— 約100mℓ

奶油 —— 30g
白蘭地 —— 15mℓ
楓糖漿‧肉桂粉(自由添加)‧糖粉‧奶油 —— 各適量

Bread

菜單中的烤土司和烤三明治也使用了相同的土司，氣孔細緻而水分飽滿，光是土司本身就足以令人讚賞。

作法

1 將蛋、砂糖放入鋼盆中，持續攪拌至蛋液變為濃稠感，攪拌的同時陸續加入牛奶，進行此步驟時以蛋液不過度變白為基準分次加入。

2 將麵包放入步驟1蛋液中，以手輕壓麵包擠出空氣，讓麵包可充分吸滿蛋汁，翻面後以相同方式擠壓（a），將麵包浸置約5分鐘。

3 將奶油放入厚底平底鍋中，滋滋作響的聲音消失後放入麵包，開至大火並輕搖平底鍋使奶油均勻融入麵，並輕快地翻轉數次（b）。

4 待麵包吸滿鍋中的奶油後，從上方來回淋上白蘭地，將鍋子傾斜一邊，進行Flambé式烹調（c）。

5 將完成的步驟4麵包放入小烤箱中，再度加熱約5分鐘。

6 等待步驟5的同時準備擺盤，先在盤中淋上楓糖漿，並依個人喜好在其中一側撒入肉桂粉。接著放上烤好的步驟5麵包，以楓糖漿、糖粉和奶油裝飾即完成。

CAFE FILLE de VINCENNES
カフェ フェユ ドゥ ヴァンサンヌ
店裡相當自豪的餐點之一，是以手沖方式萃取，香氣迷人的重烘焙咖啡。店裡的燈光設計是屬於昏暗而氣氛沉靜。
愛知縣名古屋市中區栄3-23-14 シティライフ栄1F
☎052-262-1156　營業時間：13:00至24:00（LO23:00）
公休日：全年無休
地下鐵名城線‧矢場町站出口，徒步約6分鐘。

本店的法式土司在男性顧客間，意外地得到了很不錯的評價。有男性顧客特地帶女朋友來吃法式土司；也有上班族吃了之後大聲地說「真好吃！」，這些都是過去不曾發生過的情景呢！

超人氣咖啡廳GOLDEN CHILD CAFE的展示櫃中排列的華麗蛋糕，深深擄獲著少女們的心。店裡的菜單不只是看起來新穎而已，在食材的選用上也相當的講究，法式土司所使用的是名古屋著名的交趾蛋，不只如此，還是聽著古典樂長大的雞所產下的蛋。另有歐洲傳統麵包店「梅森凱瑟」的法國長棍和甜點專賣點也選用的高級鮮奶油等奢華食材。當然美味也不能只依靠食材，為了讓蛋液更容易吸收，麵包也使用了特別的切法，再度放入烤箱烘烤則是為了增加香氣和口感，這些製作步驟都是好吃的關鍵之一。而身為以手工製作為賣點的店舖，費時的手工製作當然也是美味的祕訣之一囉！

以奢華食材融合而成如珠寶般的法式土司

ゴルチャ（Golcha）法式土司

麵包種類？ »» 法國長棍（Baguette）
浸置時間？ »» 約10分鐘
烹調方式？ »» 平底鍋＋小烤箱

Bread

使用的是梅森凱瑟（Maison Kayser）麵包中較硬的法國長棍。麵包外皮經過蛋汁的滲透後，口感也變得比較柔軟。

多虧了名古屋交趾蛋的濃郁口味，才能作出如此具深度的法式土司。

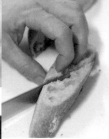

為了讓蛋液可以更順利滲入麵包之中，麵包斜切成片狀後必須再度切半。

搭配食用的鮮奶油要避免過度攪拌，恰到好處的柔軟度，才能讓整體的口感更為融合。

統一將麵包排列在平底鍋外圈以達到均勻受熱的效果，且不須煎烤至上色。

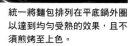

GOLDEN CHILD CAFE
ゴールデン チャイルド カフェ

有閣樓座位的高格調裝潢。店裡提供多樣自豪的手作料理供客人選擇＆搭配。

愛知県名古屋市中区千代田4-26-1 ☎052-331-8139
營業時間：11:00至凌晨2:30（LO1:30）
公休日：每月第三個星期三
http://www.goldenchildcafe.com/
地下鐵名城線・東別院站出口，徒步約10分鐘。

麵包和蛋液各有獨特的美味，互相搭配的甜度恰到好處。搭配濃郁的鮮奶油一起享用，又是一種全新的食感。

因為過於忙碌等原因，Golcha法式土司曾一度停止販售，直到兩年前在顧客們熱烈的請求下，才又恢復販售。不會太甜又很適合與三五好友一同分享，我想就是它擁有如此高人氣的祕密吧！

Salut（サリュー）

食譜非公開

蜂蜜奶油法式土司

麵包種類？ » 特製法國長棍（Baguette）
浸置時間？ » 2小時至半天
烹調方式？ » 以平底鍋慢煎

Bread

本店的法國長棍是以考慮烹調後的口感與蛋液的浸透度後特別訂製，以蒸氣烘烤完成，並帶有絕妙的香氣與鬆軟口感。

木莓醬是自家以數種莓果混合製作而成，恰到好處的酸度平衡了整體的味道。

麵包需事先浸置於蛋液中，最短2至3小時，最長為半天。

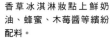

香草冰淇淋妝點上鮮奶油、蜂蜜、木莓醬等繽紛配料。

放入滿滿的奶油，並以料理夾移動麵包以吸入更多奶油精華。

Salut
サリュー

與美髮沙龍合併設置的咖啡廳，多數餐點使用大量蔬菜和水果製作。

愛知縣名古屋市中区栄3-23-20 ☎052-259-2590
營業時間：11:30至24:00（LO23:00）／週日及國定假日11:30至21:00（LO20:30）／週一為國定假日時，週日改為11:30至24:00 公休日：每月最後一個星期一
http://www.la-salut.com/cafe/
地下鐵名城線・矢場町站出口，徒步約5分鐘。

Salut所傳授的重點：「將麵包以長時間浸置蛋液，並將整體表面煎至金黃微焦」，即使在家也都能做出美味的法式土司！

在琳瑯滿目的甜點菜單中，名列前茅的超人氣法式土司，口感外酥內軟的麵包是店家特別為法式土司量身訂製的法國長棍，法式土司外皮稍硬而內部氣孔及含水量皆恰到好處，製作時需事先浸置在蛋液中2至3小時，最長為半天，再以大量奶油煎至焦黃酥脆；光是以叉子插入時，就能聽到可口的酥脆聲，更別說入口後爽脆與軟嫩並進的驚奇口感。另外還可以搭配甜度適中的香草冰淇淋、風味濃厚的蜂蜜、高純度鮮奶油、帶有天然酸味的特製木莓醬等繽紛的配料一起享用，各種不同風味的融合，讓這道法式土司變得好吃又有趣。

多變的豐富口感與風味
好吃又有趣味的法式土司

蛋液充分浸透的厚切法國長棍，口感滑嫩而柔軟，搭配的是鮮明微酸味的木莓醬。

我與法式土司的邂逅

第一次品嚐法式土司時，各位有什麼樣的感覺？又有什麼關於法式土司的回憶呢？主廚們對法式土司各有不同的作法，想法也各有不同呢！

●Dining & Café Il Fiume
主廚・古河亮の回憶

我的祖母非常擅長製作麵包、蛋糕之類的點心，也常常製作法式土司給我當點心。我真的非常的喜歡法式土司，因為它會讓我想起小時候的幸福時光，對我來說就是「象徵幸福的食物」。記憶中祖母第一次為我作法式土司時，心中那種「哇！」的雀躍與感動，至今仍深藏在心中。我會這麼熱愛法式土司，就是受到祖母的影響。身為一名廚師，希望我也能藉由法式土司將相同的感動傳遞給大家。

●BRESD, ESPRESSO &
主廚・菅原秀の回憶

小學一年級時，媽媽以法國長棍為我作了法式土司。沒錯，不是土司，而是用法國長棍作的，想必一定是從雜誌還是哪裡學到的吧！那是我第一次吃到法式土司，當時的我完全不曾聽過或看過法式土司，更不用說品嚐，對我來說美味又新奇，也因此讓我留下深刻的印象。

●Bubby's
行政主廚・
田邊貴之の回憶

印象中第一次吃到法式土司的經過，是在小學四、五年級左右的事情，至今記憶猶新。當時我到朋友家玩，對方招待我們的就是以土司製作而成，金黃又柔軟無比的法式土司。印象中，對這個第一次吃到的東西，我發出了「哇！這是什麼呀！」的驚嘆聲，入口時也覺得美味極了！現在也是我私底下經常會作的一道料理喔！

●maman
老闆・榎本トシヒロの回憶

小時候沒什麼機會可以吃到甜麵包，因此當媽媽難得製作了撒上了滿滿糖粉的香甜法式土司時，我馬上就留下了非常深刻的印象。

●Yocco's French Toast
主廚・山崎燈の回憶

第一次吃到法式土司是在15年前，我剛來到東京時。當時任職的飛鏢酒吧將法式土司列為甜點菜單之一，就是以八片切的土司製作的簡單風味。當時心中讚賞著：「耶？世界上竟然有這樣的食物呀！」沒想到現在自己還成了法式土司專賣店的主廚，人生是不是很有趣呢！

●Sunday Brunch銀座店
食譜開發・竹中朋子の回憶

媽媽在我國中時，第一次帶我到Sunday Brunch吃法式土司，當時因「世界上竟然有這麼好吃的食物呀！」內心非常感動。後來高中時的我開始了在Sunday Brunch的打工生活，畢業後雖然也曾到一般公司上班，但始終難以忘懷那段美好愉快的時光，突然再度回到了Sunday Brunch，一邊打工一邊在甜點學校進修。現在如願地擔任食譜開發的工作，期許自己也能將當時說出「好好吃喔！」的那分感動帶給客人們。雖然這樣形容可能有點誇張，但我到目前的人生就是由一片法式土司決定的呀！

突然想到一件事，某次看到一位女性顧客，在法式土司前留下了眼淚，上前關心是否是因為服務不夠周到，卻得到了這樣的回應…「高中時期和剛入社會的時候，每次只要遇到不開心的事，只要吃了這裡的法式土司，就能讓我重新振奮起來。在國外待了數十年，今天一回國就直接到這裡來，再次品嚐到這熟悉的味道，讓我忍不住內心的激動與淚水……讓我忍不住品嚐到這熟悉的味道，再謝！我現在覺得有精神多了。」謝謝！並非非常害羞地在我面前留下了眼淚。因為這樣的經驗，雖然工作也有很辛苦的時候，但這份工作也讓我覺得非常幸福，我會繼續努力下去！

●mg.
老闆・山根淳の回憶

我第一次吃到法式土司是在小學低年級時。某天早上看見媽媽把土司放進蛋液中，「今天的早餐好像和平常不太一樣耶！」那個我滿心期待的光景，就在說話的同時，麵包浮現在我腦海中。對小孩子來說，看見麵包沾滿蛋液的模樣，一定覺得很有趣吧！吃下後的我更是興奮得大叫「真是太好吃了！」從那次之後就一直期待著，餐桌上什麼時候會再出現以土司製作的甜味法式吐司呢？

●CAFE KOSCI（カフェ コチ）
老闆・坪倉直人の回憶

說起來小學一至三年級的每個禮拜日，都是我幫忙作早餐，早上七點起床後先將麵包放入蛋液中，接著就是我最愛、最愉快的戰隊卡通時光。卡通播完時，恰好家人也都起床準備吃早餐，這時媽媽就可以進廚房準備烹調了，對當時還是孩子的我來說，負責讓麵包吸滿蛋液的工作實在非常有趣！這些事情都是塵封已久的回憶呢！

●Hug Frenchtoast Cafe
主廚・岡崎馨の回憶

電影《克拉瑪對克拉瑪（Kramer vs. Kramer）》有名的場景中，有一幕是成為單親爸爸的達斯汀・霍夫曼正在製作法式土司的畫面。因為想知道食譜的作法，只好一邊按暫停一邊寫筆記。（說不定是我弄錯了）實際製作時，和一般作法不同之處是必需浸置兩種蛋液，第一次的浸置後，又再度放入只有雞蛋的蛋液中，算是相當的費時費力。

●前田珈琲
老闆・前田剛の回憶

我家最常出現的點心大概就是「麵包邊法式土司」了。媽媽總會將店裡製作法式土司或三明治剩餘的麵包邊帶回家，油炸後撒上砂糖讓我當點心，這樣的美味讓我怎麼樣都吃不膩，最後我還藉由它開發了伴手禮商品「以土司邊作成的糖霜烤土司」呢！

part 2

對家人們呼喊著「吃早餐囉！」

能讓早餐時間的出席率瞬間超過90%[※]的餐點就是

法式土司！

（原本總是要三催四請，大家才會出現呢！）

想賴床打滾的慵懶早晨裡

一想到冰箱裡有準備好的法式土司，

早起就不是難事了♪

在這樣的瞬間，

法式土司就成為了「早餐桌上的幸福」。

Part2要介紹，

七位熱愛法式土司的人氣主廚們，

以「幸福的法式土司早點」為主題，

為我們示範私房法式土司作法。

有以澄清色奶油香煎法國長棍的王道作法，

也有成品如飯店端出般膨軟柔嫩的作法；

更有以坊間購買的普通麵包的基本作法，

及和豐富蔬菜一起烹煮的蔬食法式土司，

※本誌的經驗談

人氣烹飪名師的
創意法式土司
&早餐的法式土司

還有以麵包機自製的麵包＆創意法式土司，

及能一起搭配的濃湯和沙拉……

就隨著當天的心情和時機選擇喜歡的種類，

盡情地享受早餐桌上的樂趣吧！

法國長棍
佐以各式配料的
王者食譜

渡辺麻紀

a

將打蛋器由外往內攪拌讓蛋液變得鬆軟滑順！

b

直接放入保鮮盒中，可以節省洗碗的步驟喔！

奶油經微波後會分成酪蛋白、澄清奶油、雜質三層，使用澄清奶油製作可以去除雜質，讓食物的味道更為純淨。

以叉子在麵包上戳出小洞可以讓蛋液浸透得更完整，記得要確實插至底部！

c

d

一邊煎一邊將剩餘的蛋液淋上。

將竹籤以傾斜的方式，對準中心點斜下穿刺。

e

法國長棍製作の 經典法式土司

麵包種類？ » 法國長棍（Baguette）
浸置時間？ » 一晚
烹調方式？ » 不鏽鋼平底鍋、不加蓋

Bread

法國長棍出爐後不馬上使用，而是放置一段時間，麵包變得乾硬後才拿來製作。法式土司的美味與麵包的好吃程度是成正比的，因此建議務必選用好吃的麵包來製作。

材料（2人分）※蛋奶素
法國長棍 ⎯ 約 $1/2$ 條
蛋液
⎸ 蛋 ⎯ 2顆
⎸ 牛奶 ⎯ 100m ℓ
⎸ ※蛋和牛奶比例約為1：1

作法

1 切除法國長棍的頭尾兩端後，再分切成四片（每片厚約4.5cm）。

2 **製作蛋液。**將蛋打入容器中，去除血絲等雜質後，打蛋器由外往操作者的方向，以拌切的方式混合，此攪拌方式可讓蛋液變得鬆軟滑順（**a**）。加入牛奶後，以相同的方式混合均勻。

3 將步驟**1**法國長棍放入步驟**2**蛋液中，並以叉子在麵包上戳出小洞（**b**）。

4 放入保鮮盒中加蓋浸置一晚。

5 製作澄清奶油。將奶油放入耐熱容器中，蓋上保鮮膜後以微波爐功率700瓦微波20秒，中間透明那層即為澄清奶油（**c**）。

6 熱鍋後放入2小匙澄清奶油，奶油溫熱後放入步驟**4**法國長棍（需事先取出回溫）以中火煎烤，並淋上剩餘的蛋液（**d**）。

7 煎至金黃上色後，翻面不加蓋以小火再煎4分鐘，此時盡量不要移動麵包，煎至差不多時以竹籤插入（**e**），拔起後以手指或嘴唇試驗，若竹籤有熱度即可起鍋。

若不想吃甜食時，可搭配煎過的歐式香腸一起享用。「小黃瓜薄荷沙拉」口感清爽而不膩，非常適合用來搭配法式土司，只需要約2分鐘就快速完成。

白芝麻香蕉

材料（1人分）※純素
香蕉1條／蜂蜜1大匙／研磨白芝麻1大匙
作法
將蜂蜜與研磨白芝麻混和後，淋於切成厚1cm的香蕉片上。

推薦您營養均衡的甜食版本「白芝麻香蕉」。

小黃瓜薄荷沙拉 ※純素

材料（1人分）※法式土司與P.61相同。
黃瓜1/2條／小番茄3顆／薄荷葉5至6片／**A**〔鹽少許〕／
檸檬汁1小匙／橄欖油2小匙
作法
1. 小黃瓜洗淨後以刨刀去除外皮，縱向切半後以湯匙去除中間的籽，再切片成1cm厚度。
2. 小番茄洗淨，去除蒂頭後切半。
3. 將步驟**1**和**2**材料放入碗中，接著倒入**A**混和均勻。

雖然通常是以果醬、蜂蜜、或楓糖漿來增添法式土司的風味，但其實只搭配單純的糖也很美味喔！若使用上白糖會越吃越濃郁，而砂糖則是爽口的滋味。

CrèmeÉpaisse

發酵鮮奶油。帶有濃郁的口感，有點類似優酪乳，非常適合搭配法式土司。

Profile

渡辺麻紀

就讀白百合大學時期，曾身兼法式料理名師的助理。之後為學習烹飪而留學法國及義大利，現任雜誌和企業圈料理顧問。著有《キッシュ》（池田書店出版）、《ごちそうマリネ》（河出書房新社出版）等，並於烹飪教室L'espace Makiette（レスパスマキエット）擔任主講老師。

渡辺麻紀小姐堅信：「法式土司的美味程度完全取決於麵包的品質。」

尤其是「法國長棍」這樣的麵包，剛出爐的時候很好吃，但美味卻會隨著時間逐漸流失。所以一定要以剛出爐的麵包製作法式土司嗎？先別急著下定論，其實剛出爐的麵包還是最適合直接品嚐，當麵包吃不完或放太久變硬時，拿來作「法式土司」是最適合的處理方式了！

對渡辺小姐來說，法式土司是讓他真正認識食譜的重要料理呢！

「小時候也曾為家人作法式土司，當時也成功煎出了表面金黃的成品，正當得意自滿的同時，剛切開麵包的哥哥卻大聲的說『這是什麼呀！中間還白白的呢！』。原來是因為沒按著食譜的浸置蛋液時間才會失敗，從那時起，我才深刻的體會到，食譜中的每一步驟都是有意義的。」

當時的少女後來成了烹飪老師，當時失敗的法式土司也就成為一段有趣的回憶了。

若搭配切片香蕉也很美味，作法也相當簡單。將奶油以溫熱平底鍋融化，放入斜切成厚2cm的香蕉片後再撒上砂糖，待上下兩面煎至焦黃即可用來搭配法式土司。

若山曜子

以烤箱烘焙出
如舒芙蕾般的法式土司

將巧克力擠入
柑橘果醬中。

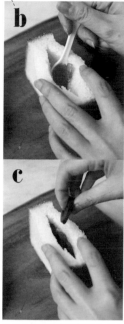

小心不要將土司切斷了。

先放入柑橘果醬後再填入巧克力，切開時就會流出濃稠的巧克力醬，非常好吃！

蛋液的材料不能全部一次倒入混和，一定要按照順序加入材料，並仔細攪拌均勻，完成的蛋液才會光滑柔順。

使用保鮮袋，能以製作少量的蛋液卻能達到最好的浸透效果，還可減少清洗容器的步驟，非常的方便！

以杏仁片增添風味，味道變得更加多層次！

巧克力法式土司

麵包種類？ »» 土司
浸置時間？ »» 一晚
烹調方式？ »» 不鏽鋼平底鍋＋烤箱

Bread

使用四片切的土司。選擇較厚的土司以方便切出夾層。事先將土司放至乾硬的狀態以增加土司的吸水力，且這麼一來，充分吸滿蛋液的美味法式土司也就能夠輕鬆完成。

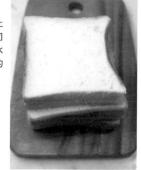

材料 （1人分）※蛋奶素

土司 ── 1片（4片切）

柑橘果醬 ── 1大匙

※推薦使用英國Fortnum & Mason的手工橘醬
（SIR NIGEL'S ORANGE MARMALADE）。

巧克力 ── 30g

※烘焙用巧克力磚也可以。

蛋液

可可粉 ── 1大匙

砂糖 ── 1大匙

※上白糖或白砂糖。

熱開水 ── 1¹/₂大匙

牛奶 ── 120mℓ

蛋 ── 1顆

奶油 ── 1大匙

杏仁片 ── 適量

作法

1　將土司切半，並在中間橫切如袋狀的夾層（**a**），接著將柑橘果醬和巧克力各半填入兩個土司夾層中（**b**・**c**）。

2　將可可粉及砂糖放入鋼盆中，將熱水分次倒入並攪拌至質地光滑柔順，接著將牛奶分次倒入及拌勻，最後加入打散的蛋液並仔細混和均勻（**d**）。

3　將步驟**1**土司放入保鮮袋中，再倒入步驟**2**蛋液，並浸置一晚（**e**・**f**）。

4　將烤箱預熱至180℃。準備一個可放入烤箱的平底鍋，以中火預熱後再放入奶油，待奶油融化放入步驟**3**土司加熱約1分鐘後，翻面再煎約30秒，撒上杏仁片（**g**）。

5　將步驟**4**連同平底鍋直接放入已預熱至180℃的烤箱中，烘烤約10分鐘。出爐後趁冷卻塌陷前盡快享用。

※如果沒有可放入烤箱的平底鍋，可將麵包移動至烤皿中再放入烤箱。

金黃軟嫩的法式土司

若山曜子

材料 （1人分）※蛋奶素

土司 —— 1片（4片切）

蛋液

| 蛋 —— 1顆（中型）

| 砂糖 —— 1¹/₂大匙

| ※上白糖或白砂糖

| 牛奶 —— 80mℓ

| 香草莢 —— 少許（約¹/₆根）

| ※香草糖漿也可以

奶油 —— 1大匙

楓糖漿 —— 適量

作法

1 將蛋和糖放入鍋盆中，以打蛋器稍微攪拌後倒入牛奶，再仔細攪拌均勻。

2 土司切半（土司邊可依個人喜好切除或留下）放入保鮮袋中，倒入步驟1蛋汁和香草莢後冷藏浸置一晚（a）。

3 將烤箱預熱至180℃。另將奶油放入已預熱的平底鍋融化，再放入步驟2的土司，加熱約1分鐘後，表面變得金黃即可翻面。

4 翻面後加熱約30秒，再放入已預熱至180℃的烤箱中，烘烤至麵包膨起（約10分鐘），出爐後淋上楓糖漿即可。

一定要將香草莢一同放入浸置。

款被瘋狂搶購的人氣餐點，因此加碼推出如圖中的豪華版。

咖啡牛奶

將等量的熱牛奶加入於法式烘焙咖啡（深焙）或義式濃縮咖啡中。

將甜味法式土司加上鮮蔬薄荷沙拉這樣的組合作為早餐營養均衡又美味。這款搭配黃桃製作的沙拉是人氣餐點。

購於IKEA，能夠自由取下鍋把的直徑20cm平底鍋。「與另一個大平底鍋是一個組合，幾千日圓就能買到的實惠價格，非常的堅固又好用！」

我珍愛的法國LE CREUSET平底鍋，直徑只有20cm即使和食物一起端上桌也很可愛。

黃桃＆薄荷佐帕爾瑪沙拉

材料（1人分）※非素
黃桃（小）1顆／Mozzarella起司1個／帕爾瑪火腿3至4片／薄荷（切成細末）1大匙／綜合生菜適量／檸檬1/4顆／鹽・橄欖油各適量

作法
1. 將黃桃切成適口大小。Mozzarella以手剝成塊狀。
2. 將綜合生菜、帕爾瑪火腿、薄荷葉末和步驟**1**材料混合均勻後盛盤。
3. 加入橄欖油、鹽和檸檬汁即可。

多麼希望在家也能作出飯店中如舒芙蕾般，又膨又軟的法式土司呀！對此作出建議的若山曜子小姐說：「想要作出這樣的美味法式土司，祕訣就在於──先以平底鍋將麵包表面煎至金黃，接著再放進烤箱中加熱，這樣麵包就會變得又膨又軟。別忘了烤箱一定要預熱喔！另外還有一點，為了能在法式吐司出爐後馬上享用，事先整理好餐桌也是必要的步驟之一呢！」

沒錯！如舒芙蕾般的法式土司，在出爐後一分鐘左右就會開始崩塌。好不容易完成的法式吐司一定要趁熱趕快享用喔！萬一塌陷就太可惜了。

Profile

若山曜子

東京外國語大學畢業後留學巴黎。具有法國C.A.P國家甜點師、巧克力師等國家資格。現在主要與雜誌及出版界合作，並擔任小班制的烹飪教室主講老師。著有《パウンド型ひとつで作るたく老師のケーキ》（主婦と生活社出版）及《板チョコ1枚から作るかわいいチョコレートのお菓子》（主婦の友出版）等。

說到法式土司就想到大學時期的文化祭，預計以法國料理為主題的模擬餐廳，沒想到結果竟剩下大量的法國長棍，當下就緊急改作成法式吐司了。是一

福田淳子

以多種麵包和
平底鍋製作的
基本款法式土司

蛋液的材料
只有雞蛋和香草冰淇淋！

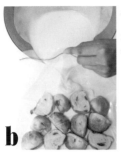

選擇以保鮮袋浸置，若只用少量的蛋液也沒問題！

若以蛋黃、牛奶、鮮奶油、砂糖和香草精製作的冰淇淋來製作，不需要準備瑣碎的材料也可以作出濃厚又有香草風味的蛋液，非常方便喔！剩下的香草可以直接吃掉，也可以拿來搭配法式土司。冰淇淋的種類則沒有特別的限制，口味清新或濃厚都一樣可以完成。

如果沒有時間，可隔著袋子輕壓麵包體，加速蛋液吸收。如果時間充裕，請放入冰箱冷藏一晚，使其慢慢浸潤後使用。

以小火慢慢地燜煎會使麵包變得又膨又軟，千萬不可以心急！

加熱至焦糖香四溢、表面糖漿稍微焦脆時即完成。

確實地將糖加熱至焦糖化後，香氣與美味都能更完美的釋放出來。

好吃的祕訣是什麼呢？

好吃的不二法門就是，細心確實地順著食譜的每一步驟進行。麵包浸置蛋液要足夠、烹調之前要先拿出來退冰、剛開始先以沙拉油和小火煎烤，然後加蓋燜煎、最後轉中火加入奶油、撒上焦糖並加熱焦糖化，起鍋後盛入溫熱的盤子中。雖然操作都不難，但只要省略任何一個步驟，就無法完成令人「想再來一盤」的美味了。

葡萄乾小餐包製作の法式土司

麵包種類？ »» 葡萄乾小餐包
浸置時間？ »» 30分鐘至一晚
烹調方式？ »» 不沾平底鍋加蓋燜煎
　　　　　※非常推薦使用不易燒焦的不沾鍋。

Bread

麵包中富含奶油與葡萄乾，氣味香甜且口感豐富。麵包體吸收蛋液的效果相當好，完成後的口感也很濕潤，特別推薦給生活匆忙的上班族。

材料　（2人分）※蛋奶素
葡萄乾小餐包 —— 4個
基本蛋液
| 蛋 —— 2顆
| 香草冰淇淋 —— 200g

沙拉油 —— 少許
奶油 —— 5至10g
砂糖（裝飾用） —— 2至3小匙
楓糖漿、蜂蜜、果醬等 —— 依喜好分量

作法
事前準備：先將冰淇淋置於室溫下融化（**a**）。

1 麵包切成約2cm厚度。將蛋倒入鋼盆中，再加入融化的冰淇淋攪拌均勻。

2 將步驟**1**的麵包放入保鮮袋中並倒入蛋液（**b**），將保鮮袋搖晃翻轉後浸置約30分鐘（**c**）。　※夏天若需要浸置1小時以上時請記得放入冰箱冷藏，並在烹調前約30至60分鐘前取出回溫。冰冷的食材在進行加熱時會較耗費時間，也會使食材變得乾燥失去美味。

3 將平底鍋以中火預熱後塗上一層薄薄的沙拉油，放入步驟**2**麵包後轉為小火，加蓋後慢慢地燜煎（途中需翻面幾次），約5分鐘可熟透（**d**）。

4 轉為中火，將一半的砂糖撒於麵包上，並以湯匙於表面抹勻（**e**）。再將奶油放入融化（**f**），翻面煎至想要的焦度。接著撒入剩下的糖，相同的以湯匙抹勻後翻面再煎約1分鐘（**g**）。完成後就可盛入事先溫熱過的餐盤中，依照喜好淋上醬汁或冰淇淋後享用，也可試著撒點肉桂粉（分量外）也很美味喔！

使用在一般超市或便利商店都買得到的丹麥麵包。將滿滿的奶油和鮮奶油融入的麵包，作出口感香甜、如甜點般的法式土司。充分浸置蛋液中則讓麵包變得柔軟又多汁。P.69中基本蛋液的分量恰好是兩個丹麥小麵包用量，厚度則是1.5至2cm最剛好。

丹麥麵包製作の法式土司

本篇是福田老師以P.69的食譜，以不同的四種麵包製作的法式土司。
令人驚訝的是，每一道呈現的口感和味道完全都不一樣。
不光只是麵包種類的不同而已，麵包切法、烹調時間和浸置蛋液的時間，
都會影響到成品的結果，由此可見，法式土司能發展出非常多的可能性。
各位要不要也試著找出自己喜愛的口味呢？

4片切土司的厚度，可充分展現法式土司的膨軟與豐厚感，且口感濕潤多汁，比較需要注意的是，使用太軟的麵包會讓成品過於柔軟而失去口感。麵包邊可以依個人喜好選擇保留或去除，只是麵包邊會影響蛋液的吸收，因此必須切成對半或1/4後再浸置蛋液，基本蛋液（請參考P.69）的分量大約可以製作2片土司（4片切）。成品的口感，連小朋友也會喜歡。

4片切土司製作の法式土司

原以為以8片厚度法式土司，完成後會變得軟軟爛爛，沒想到竟是爽脆的口感。基本蛋液（請參考P.69）的分量大約可以製作4片土司（8片切），也相當受到男性們的青睞。

8片切土司製作の法式土司

試試以不同種類麵包製作！

Bread

堅硬的外皮非常不利於蛋液吸收，而麵包體內粗大的氣孔則有相當好的吸收力；如一般麵包般的外表，內部有著膨鬆柔軟的口感。基本蛋液（請參考P.69）的分量大約可以製作4片（厚度2cm）法國麵包。受歡迎的程度更是不分男女。

法國麵包製作の法式土司

班尼迪克蛋

近期，在日本與法式土司並列為人氣早餐的就是班尼迪克蛋了。
因此特別邀請熱愛蛋料理的福田老師示範，如何在家作出好吃的班尼迪克蛋。

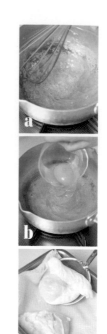

材料（2人分）※非素

水波蛋

蛋 — 4顆

A│ 水 — 600mℓ
 │ 鹽 — 1/2小匙
 │ 醋 — 1大匙

荷蘭醬

蛋黃 — 1顆

水 — 1小匙

B│ 奶油 — 50g
 │ （事前於室溫下軟化）
 │ 檸檬汁 — 2小匙
 │ 檸檬皮屑 — 1/2個分
 │ 鹽 — 2小匙又2小撮

英式馬芬 — 2個

火腿 — 厚片4片or薄片8片

黑胡椒 — 少許

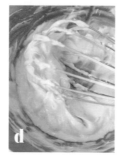

荷蘭醬放太久時易風乾凝固，只要利用隔水加熱，並以打蛋器攪拌均勻即可。非常適合搭配水煮（或蒸煮）的蔬菜和白肉魚。

作法

1. **順先製作水波蛋。**將A材料依序放入鍋中並加熱至沸騰，先將蛋打入小碗中備用，另將打蛋器放入滾水中繞圈，製造漩渦（**a**）再倒入蛋，讓蛋緩緩地沉入水中（**b**），以小火煮約2分鐘。以網杓小心地取出後，以餐巾紙吸乾多餘水分（**c**）。其餘3顆蛋作法相同。

   ※蛋一定要事先打入小碗中！

2. **製作荷蘭醬。**將蛋黃和水放入鍋盆中，隔水加熱的同時以打蛋器拌打至些微發泡膨脹。將B材料依序加入後，持續攪拌至濃稠狀態（**d**）。若希望口感清爽一點時，可以加入1至2小匙（分量外）的牛奶。

3. 將英式馬芬橫切對半放入烤箱烘烤，火腿片入鍋稍微煎一下。將火腿和水波蛋依序疊在英式馬芬上，淋上荷蘭醬後，再撒上黑胡椒即完成。

每周能與老公Fuku一起吃早餐的時間只有禮拜日，因此餐桌上最常出現的就是老公最愛的法式土司，搭配帶有微酸的食材，能使整體的口味更加平衡，綠色與橘色的組合，則在視覺上營造出美味又清爽的感覺。

甜椒蘋果醋濃湯

材料（2人分）※五辛素
紅椒1個／洋蔥1/2個／馬鈴薯1顆／橄欖油1小匙／鹽適量／蘋果醋30mℓ／水200mℓ

作法
紅椒洗淨、去蒂與種子後切成適口大小，洋蔥切成薄片，馬鈴薯削皮切成適口大小。熱鍋後加入少許橄欖油，放入蔬菜及鹽少許拌炒後，再加入水和蘋果醋，
將蔬菜燉煮至熟軟後放入果汁機打成泥狀，最後試一下味道，如不夠鹹再加入少許的鹽。

※此為含醋料理，建議使用耐酸度高的琺瑯鍋具。

橙香風味醬の綠鮮蔬沙拉

材料（2人分）※純素
柳橙汁100mℓ／鹽1/2小匙／黑胡椒少許／橄欖油1大匙／美生菜、水菜、苜蓿芽／寶貝生菜（Baby Leaf）等各適量

作法
將柳橙汁持續加熱收乾至剩一半的分量，熄火後加入鹽、黑胡椒和橄欖油後攪拌均勻，放涼備用。各式蔬菜洗淨後切成適口大小，放入冷水中讓蔬菜變得更為清脆爽口，接著瀝去多餘的水分，並淋上橙香風味醬即可。

Profile

福田淳子
主要於書籍、雜誌、廣告各界相當有名氣。同時也參與企業商品開發、店舖設立及協助繪本食譜的監製工作。擅長針對特定主題的深入探討研究。著有《スフレ・シュクレ＆スフレ・サレ》、《パウンドケーキバイブル》（皆為河出書房新社出版）及《パンケーキbook》（東京書籍出版）等。

希望有不需要使用鮮奶油之類，平常不會使用的食材，只要在超市或便利商店能的麵包和平底鍋就能輕鬆製作，味道卻如餐廳料理般，多層次而美味的法式土司呀！為回應讀者的心聲，福田老師不斷地努力試驗，終於研發出這樣的美味食譜。

以各大品牌的各種麵包不斷試驗後，土司的選擇以價格平實即可。不建議使用高級的麵包，因為高級麵包添加了各式豐富的材料，反而使得成品變得容易軟爛。

那麼，該如何呈現多層次的美味呢？「就加入冰淇淋來解決吧！使用已經含有香草精、牛奶和鮮奶油的冰淇淋來製作，就不需要大費周章得買齊所有的材料囉！但相對的，請盡量選擇品質好、高級的冰淇淋來製作！」

本書中P.69至P.71是福田老師費盡心力的研究成果，請閱讀後試作、品嚐看看！

在本次試驗過程中，老公（Fuku先生）不厭其煩地試吃了堆積如山的法式吐司。
最喜愛的是以8片切土司所製作的，給予了相當清爽美味評價，在採訪成員之中也有得到相當高的人氣！

星谷菜々

搭配豐富蔬菜の
家常菜餐點系列

直接於料理盤中製作蛋液，可以節省一些事後的清潔工作。

準備一支刨刀會方便許多喔！

配菜本身
也是一道料理！

法式土司會吸收鍋中蔬菜和肉類的精華，讓風味增添更多層次感。

歐式胡蘿蔔の
法式土司

麵包種類？ »» 葡萄乾鄉村麵包
浸置時間？ »» 15分鐘至一晚
烹調方式？ »» 不沾平底鍋加蓋燜煎

Bread

含有葡萄乾的鄉村麵包，口感稍硬有嚼勁。因為還加入了「涼拌胡蘿蔔」，所以選用了帶有甜味的葡萄乾麵包。

材料（2人分）※非素
葡萄乾鄉村麵包 —— 4片切（厚度為1.5cm）
蛋液
　蛋 —— 1顆
　鹽、黑胡椒 —— 各少許
　牛奶 —— 100mℓ

胡蘿蔔（小）—— 1根
喜歡的歐式香腸 —— 6根
橄欖油 —— 2小匙
蘿蔔葉（或巴西里）、黃芥末顆粒、
鹽、黑胡椒 —— 各適量

作法

1　將蛋打入料理盤，加入鹽、黑胡椒後打散，再加入牛奶混合均勻（**a**）。
2　胡蘿蔔洗淨後去皮、切絲（**b**）。
3　將麵包放入步驟**1**蛋液中，反覆翻面吸收蛋液（建議可放入冰箱浸置一晚）（**c**）。
4　將橄欖油倒入已預熱的平底鍋，轉為中火，並放入步驟**3**麵包與歐式香腸（**d**），蓋上鍋蓋，改以小火燜煎約3分鐘，待表面呈現金黃色。
5　將麵包和歐式香腸翻面，並移動鍋中食材騰出空位，將步驟**2**胡蘿蔔絲放入（**e**）。再度蓋上鍋蓋，燜煎約2分鐘。
6　將土司成品及歐式香腸盛入盤中，放上胡蘿蔔絲並撒上少許的鹽。最後加入切細的胡蘿蔔葉、少許的黑胡椒及黃芥末顆粒即可。

番茄Mozzarella起士法式三明治

材料 （2人分）※蛋奶素

鄉村麵包 —— 4片切（厚度為1cm）

蛋 —— 1顆

番茄汁 —— 100mℓ

芝麻菜 —— 1袋

Mozzarella起士 —— 100g

橄欖油 —— 2小匙

鹽、黑胡椒 —— 各適量

黑橄欖（若有的話）—— 適量

B r e a d
鄉村麵包。特點為麵包體的氣孔粗大、容易吸收蛋液，且口感十足又有飽足感，非常適合用來製作家常菜口味的法式土司！

作法

1 將蛋打入料理盤，加入鹽、黑胡椒後打散，再加入番茄汁混合均勻。

2 將麵包放入步驟**1**蛋液中，反覆翻面吸收蛋液（建議可放入冰箱浸置一晚）。

3 芝麻菜洗淨後切成長5cm，Mozzarella起士則切成寬約1cm塊狀。

4 將步驟**3**材料夾入麵包間作成三明治（此分量可作兩個大三明治）。

5 將橄欖油倒入已預熱的平底鍋，將步驟**4**三明治放入，以中小火煎約3分鐘，等待表面上色呈現金黃。

6 以鍋鏟輔助翻面（小心不要讓內餡掉出）後，再度蓋上鍋蓋燜煎約2分鐘（**a**）。

7 切成適當大小後盛盤，撒上鹽和黑胡椒，最後依個人喜好加入黑橄欖即完成。

鷹嘴豆＆香料野菇の法式土司

材料（2人分）※五辛蛋奶素

法國長棍（Baguette）── 12cm

蛋液

| 蛋 ── 1顆
| 鹽、黑胡椒 ── 各少許
| 牛奶 ── 100mℓ
| 百里香 ── 3支

水煮鷹嘴豆 ── 1罐（110g）

杏鮑菇 ── 1包

洋蔥 ── $1/2$顆

含鹽奶油── 10g

白酒、醬油 ── 各1小匙

紅胡椒（Pink peppercorn）

── 適量

作法

1 將蛋打入料理盤，加入鹽、黑胡椒後打散，再加入牛奶混合均勻。再加入已去除葉子的百里香。

2 將麵包切成寬約2cm後放入步驟**1**蛋液中，反覆翻面吸收蛋液（建議可放入冰箱浸置一晚）。

3 杏鮑菇洗淨後，橫切後再直向對切成半，洋蔥則切絲為寬約1cm條狀。

4 將奶油放入已預熱的平底鍋中融化，將杏鮑菇（切口朝下）及步驟**2**麵包排放鍋中，剩餘的空間則放入洋蔥及鷹嘴豆，蓋上鍋蓋以中小火燜煎約3分鐘，等待表面呈現金黃色。

5 將麵包翻面、蔬菜稍微翻炒後，再度蓋上鍋蓋燜煎約2分鐘（**a**）。

6 只先將麵包取出盛盤。將白酒及醬油倒入鍋中，與其他材料大略拌炒入味後，再起鍋疊至麵包上方，最後撒上紅胡椒即可。

Bread

法國麵包。既然已稱之為法式土司，就以法國麵包來製作吧！內部粗大的氣孔可以吸附滿滿的蛋液和蔬菜精華，相當的誘人！而厚實的外皮則在燜煎時，不易變得過於軟爛。

星谷老師：「法式土司原本就是為了消化剩餘土司的二次料理。因此也沒有規定要使用什麼蔬菜製作。建議各位就根據自家冰箱中的蔬菜，自由地發揮創作吧！」

這幾款都是以豐富蔬菜製作的法式土司，非常適合搭配白酒。在週末的早午餐時段，就安排一場愜意的白酒饗宴吧！

Profile

星谷菜々

經常與雜誌及出版社合作，除此之外也很擅長可愛的生活風格設計。非常熱愛法式土司的她，著有《とろける幸せ》、《召し上がれフレンチトーストBOOK》（Blue Lotus Publishing出版），及《野菜たっぷりレシピとおうちスイーツ》（主婦と生活社出版）等著作。
HP：www.apron-room.com

星谷菜々老師的拿手菜就是以豐富的蔬菜搭配法式土司，一同烹調的健康料理法，當法式吐司吸收大量蔬菜精華後，風味也因此變得更有層次。另外，蛋液中也加入了香草和番茄汁，完全可以說是以蔬菜延伸的法式土司。

「燜煎作業中不可或缺的平底鍋鍋蓋，如果沒有鍋蓋時，以鋁箔紙替代也是可以的喔！」

星谷老師更提到：「製作法式土司看似簡單，但如果只是看著外表的樣子依樣畫葫蘆是很容易失敗的。常見的失敗原因有：油太多、燒焦了、蛋液沒有充分浸透這三點。要解決前面兩個問題，應該只要改用不沾鍋就可以了（不沾鍋即使只用少量的油也不容易燒焦）。第三個問題的解決方法則是『確實依照食譜上的時間浸置蛋液』。此時，很多人都不約而同的承認曾擅自變更了食譜中最重要的部分了呢！」

最後，就請確實依照食譜試作吧！請放心，一定會很好吃的！

無添加蛋・奶・砂糖の蔬菜食譜

いまいようこ

加入全裸麥粉後，蛋液不但變得較為濃稠，黏著力也會變得更好。而為了不破壞全麥麵包的特殊口感，蛋液的浸置時間也不宜過長，除非是因為冷藏而變得過於乾硬的麵包，才需要將時間延長至一個小時。

以不會破壞麵包的力道
輕輕地按壓！

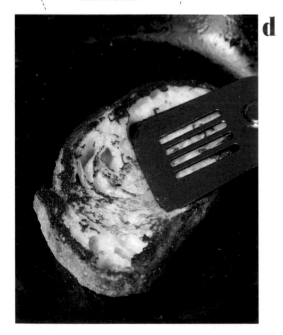

蔬食法式土司

麵包種類？ » 全裸麥鄉村麵包
浸置時間？ » 10分鐘至1小時
烹調方式？ » 鐵製平底鍋加蓋燜煎

Bread
全裸麥鄉村麵包。一般麵包放久後會變得乾癟癟的，這情況就很適合拿來製作法式土司。而含有核桃或葡萄乾的麵包，充滿了水果與穀物的迷人香氣，也請品嚐看看！

材料（2人分）※純素
全裸麥鄉村麵包
── 4片（厚度為2cm）
蛋液
A │ 豆漿（成分無調整）── 200mℓ
 │ 楓糖漿 ── 2大匙
 │ 全裸麥粉 ── 1大匙

橄欖油 ── 適量
香蕉、藍莓、柳橙、李子等當季水果
── 依個人喜好準備
楓糖漿 ── 適量

作法
1 將材料A放入鍋盆中，並以打蛋器混合均勻，再將麵包放入浸置，至麵包充分吸飽蛋液即可（約10至15分鐘）（**a**）。
2 將橄欖油倒入已預熱的平底鍋，將步驟**1**麵包放入，以中小火單面煎烤約1分鐘（不蓋鍋蓋‧**b**）。
3 煎至金黃色後翻面，蓋上鍋蓋持續燜煎約1分鐘（**c**）。
4 掀開鍋蓋以鍋鏟輕壓麵包（**d**），不會滲出蛋液的狀態下即可起鍋盛盤，接著擺放水果、淋上楓糖漿就完成了！

溫野菜沙拉

材料（2人分）※純素

青花椰菜1/4顆／馬鈴薯（小）1顆／碗豆4至6枚／
南瓜1/12顆／番薯1/5條／番茄（小）1顆／A〔橄欖
油1大匙／蘋果醋1大匙／鹽適量〕　B〔白芝麻醬與
黃芥末顆粒分量以1：1調和而成的醬汁，若醬汁過於
濃稠時，可以豆漿稀釋調整〕

※法式土司作法與P.80相同。

作法

1. 將各種蔬菜切成適口大小後，水煮或清蒸至熟透
   （可以竹籤試驗，可順利穿透就是熟了）。
2. 將步驟1材料和A醬汁放入碗中混合攪拌，盛盤後
   淋上B醬汁。

※家中現有的蔬菜都可以拿來製作喔！

ワタナベマキ（WATANABE MAKI）

重溫孩提時光
不可取代的懷舊美味

a

b

斜對角切成四邊形。

c

d

土司表面的滲透程度。

e

不需過度按壓，維持土司
和餡料為一體的狀態。

f

起士法式土司

麵包種類？ »» 土司
浸置時間？ »» 約30秒
烹調方式？ »» 不沾平底鍋

Bread

6片切的土司。「想作出有媽媽味
道的法式土司呢……就要和媽媽一
樣，以最普通的土司製作。」

材料 （2人分）※非素
土司 —— 2片（6片切）
火腿片 —— 1片
Pizza用起司 —— 40g
蛋液
蛋 —— 2顆（中型）
牛奶 —— 150mℓ
甜菜糖（以甜菜根製作的糖類） —— 2小匙
鹽 —— 1/4小匙

橄欖油 —— 2小匙
巴西里、橄欖油 —— 各適量
黑胡椒 —— 適量
櫻桃小番茄（Baby Cherry Tomberry） —— 依喜好的分量

作法

1 取一片土司，將火腿和Pizza用起司鋪入、撒上少許黑
　胡椒後，將另一片土司疊上作成三明治，並以刀切半
　（**a·b**）。

2 先將蛋打散，再加入牛奶、甜菜糖和鹽，以打蛋器攪拌
　均勻（**c**）。

3 將步驟**2**蛋液倒入料理盤中後，將步驟**1**土司放入，兩
　面各浸置約30秒（**d**）。

4 將橄欖油倒入已預熱的平底鍋，轉中火後放入步驟**3**土
　司，並不時以鍋鏟輕壓煎烤。

5 待表面呈金黃微焦時小心地翻面（**f**），以鍋鏟輕壓土
　司，並以小火煎烤約4分鐘。

6 完成後起鍋盛盤，以繞圈的手勢淋上橄欖油，撒上切細
　的巴西里和少許黑胡椒，最後擺上小番茄即可。

麵包機食譜
&
創意法式土司

a

南瓜和葡萄乾的甜味很適合搭配少許的咖哩粉。

Bread

麵包機自製南瓜葡萄乾土司。多出的量可稍微乾燥，放入冷凍庫保存。

b

自冷凍庫取出的麵包，不需解凍，直接放入蛋液中浸置即可。

c

蓋上鍋蓋以半燜煎烹調，可讓乾燥的麵包起死回生，再度變得軟嫩可口。

d

e

不想浪費剩餘的蛋液，因此再加入一顆蛋作成配料。

f

以中小火加熱即可，建議不要太熱，半熟的口感是最好吃的。

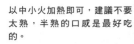

南瓜葡萄乾土司の咖哩風味法式土司

麵包種類？ » 南瓜葡萄乾土司
浸置時間？ » 15分鐘
烹調方式？ » 以不沾平底鍋加蓋燜煎

材料

以麵包機自製
南瓜葡萄乾土司（1斤）
高筋麵粉 — 250g
南瓜（加熱後除去外皮・淨重）
— 75g
鹽 — 4g
砂糖 — 8g
速發酵母粉 — 3g
牛奶 — 50g
水 — 130g
奶油 — 18g
葡萄乾 — 50g

法式土司（1人分）※蛋奶素
自製南瓜葡萄乾土司
　（以麵包機製作）
　— 1片（厚度為2cm）
蛋液
A │ 蛋 — 1顆
　│ 牛奶 — 125mℓ
　│ 鹽・黑胡椒 — 少許
咖哩粉 — 2小匙至1大匙
　（依喜好的分量）

奶油 — 10g
南瓜 — 依喜好的分量
櫛瓜 — 依喜好的分量
鹽 — 少許
蛋（追加用）— 1顆
單片包裝起司片 — 20g

作法

以麵包機製作南瓜葡萄乾土司

1 將葡萄乾以熱水汆燙一下，以廚房紙巾吸乾多餘水分。南瓜洗淨去皮，切成適口大小。 ※可使用冷凍南瓜，但需事先退冰。

2 將葡萄乾以外的材料依序放入麵包機中後，按下一般模式開始製作。葡萄乾則依各家機器廠牌的說明放入。 ※若有剩餘麵包建議冷凍保存。

製作法式土司

3 將A料放入料理盤中混合均勻，再加入咖哩粉稍作攪拌（a）。

4 將土司切半後放入步驟3蛋液中，不時翻面並浸約置約15分鐘（b）。

5 等待時，將南瓜切成適口大小，連皮一同煮至熟軟（竹籤可連皮一同穿過的程度）。櫛瓜切成薄片。

6 將奶油放入已預熱的平底鍋中融化，放入步驟4土司後蓋上鍋蓋，以小火燜煎約3分鐘，翻面再煎約2分鐘（c）。

製作配料

7 法式土司起鍋後，鍋中放入南瓜和櫛瓜，撒上鹽稍微拌炒一下後取出，再放入起司片備用（d）。

8 將剩餘的蛋液中再打入1顆雞蛋並混合均勻（e），倒入平底鍋中，接著加入步驟7材料（f），稍微加熱後淋於法式土司上即可。

奶油玉米醬麵包の法式土司

高橋雅子

材料

以麵包機自製

奶油玉米醬麵包（1斤）

高筋麵粉 —— 200g

低筋麵粉 —— 50g

鹽 —— 4g

砂糖 —— 16g

速發酵母粉 —— 3g

奶油玉米醬（罐裝）—— 190g

水 —— 45g

法式土司（1人分）※非素

自製奶油玉米醬麵包
（以麵包機製作）
—— 1片（厚度為2cm）

蛋液

A | 蛋 —— 1顆
　| 牛奶 —— 50mℓ
　| 鹽・黑胡椒 —— 各少許
　| 玉米粒 —— 30g

蛋（追加用）—— 1顆

單片包裝起司片 —— 30g

培根 —— 2片

含鹽奶油 —— 8g

作法

以麵包機製作奶油玉米醬麵包

1　將材料依序放入麵包機中後，按下一般模式開始製作。奶油玉米醬依各家機器廠牌的說明放入。
※若有多的麵包建議以冷凍保存。

製作法式土司

2　將A料放入料理盤中混合均勻（**a**），再放入已切半的麵包（**b**），不時翻面並持續浸置約15分鐘。

3　將奶油放入已預熱的平底鍋中融化，放入步驟**2**麵包後蓋上鍋蓋，以小火燜煎約3分鐘，翻面再燜煎約2分鐘。

製作配料

4　法式土司起鍋後，將剩餘的蛋液中再打入1顆雞蛋並混合均勻，稍微加熱後，與煎得焦脆的培根、起司一起鋪於法式土司上即完成。

原味土司の優格風味法式土司

材料

以麵包機自製

原味土司（1斤分）

高筋麵粉 — 250g

鹽 — 4g

砂糖 — 16g

脫脂奶粉 — 5g

速發酵母粉 — 3g

水 — 100g

牛奶 — 80g

奶油 — 16g

法式土司（1人分）※蛋奶素

自製原為土司

以麵包機製作）

— 1片（厚度為2cm）

蛋液

A 蛋 — 1顆

蜂蜜 — 1大匙

牛奶 — 50mℓ

原味優格 — 75g

奶油 — 10g

作法

以麵包機製作原味土司

1 將材料依序放入麵包機中後，按下一般模式開始製作。 ※若有多的麵包建議以冷凍保存。

製作法式土司

2 將 **A** 料放入料理盤中混合均勻（a），再放入麵包（**b**），不時翻面並浸置約15分鐘。

3 將奶油放入已預熱的平底鍋中融化，放入步驟 **2** 麵包後蓋上鍋蓋，以小火燜煎約3分鐘，翻面再燜煎約2分鐘即完成。

紅豆土司の和風黑糖法式土司

材料

以麵包機自製

紅豆麵包（1斤）

高筋麵粉 —— 200g

低筋麵粉 —— 50g

鹽 —— 4g

速發酵母粉 —— 3g

水煮紅豆（罐裝）—— 120g

水 —— 145g

奶油 —— 16g

法式土司（1人分）※蛋奶素

自製紅豆麵包

　　—— 1片（厚度為2cm）

蛋液

A 蛋 —— 1顆

　　水煮紅豆（罐裝）—— 100g

　　牛奶 —— 50mℓ

奶油（煎法式土司用）—— 8g

黑糖蜜 —— 依喜好的分量

黃豆粉 —— 依喜好的分量

作法

以麵包機製作紅豆麵包

1　將材料依序放入麵包機中後，按下一般模式開始製作。水煮紅豆則依各家機器廠牌的說明放入　※若有多的麵包建議以冷凍保存。

製作法式土司

2　將**A**料放入料理盤中混合均勻（**a**），再放入切成¼大小的麵包（**b**），不時翻面並浸置約15分鐘。

3　將奶油放入已預熱的平底鍋中融化，放入步驟**2**麵包，並淋入剩餘的蛋液，蓋上鍋蓋，以小火燜煎約3分鐘，翻面再燜煎約2分鐘。盛盤後加入黑糖漿和黃豆粉即完成。

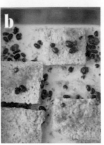

南瓜巧達起士濃湯

材料（2人分）※奶素
南瓜125g（淨重）／水300mℓ／橘色的紅巧達起司40g
／鹽、黑胡椒各少許
作法
1. 將南瓜和水放入鍋中，加熱煮至南瓜變軟後取出南瓜，並去除外皮。稍作降溫後放入果汁機攪打成泥。
2. 將南瓜泥再倒回步驟**1**鍋中，加入紅巧達起司並以中小火加熱，最後以鹽和黑胡椒調味。

小扁豆
香煎蕪菁沙拉

材料（2人分）※純素
小扁豆（乾燥）30g／蕪菁
1顆／橄欖油少許／醬料A
〔初榨橄欖油1大匙／檸檬汁
2小匙／鹽、黑胡椒各少許／
檸檬皮屑少許〕
作法
1. 小扁豆以大量的水煮約12分鐘後，以篩網瀝去水分。
2. 蕪菁洗淨去皮後留下部分綠莖，切成8等分。
3. 將橄欖油倒入已預熱的平底鍋，放入步驟**2**蕪菁，並將兩面煎至略微上色。
4. 將步驟**1**、**3**材料盛入碗中，再加入醬料A混勻即完成。

Profile

高橋雅子
超高人氣的高橋老師，吸引了眾多的學生報名上課，甚至有不少學生是搭著飛機從各地前來。自Le Cordon Bleu專門學校習得製作麵包的技術，並擁有日本侍酒師協會「Sommelière」葡萄酒顧問資格。目前擔任麵包和葡萄酒烹飪教室「葡萄酒的12個月（ワインのある12ヶ月）」的主持工作。同時也為各書籍、雜誌及企業提供食譜設計規劃。著有《續．「自家製酵母」のパン教室》、《少しのイーストでゆっくり 酵パン—こんな方法があったんだ。おいしさ再 見!》（皆為パルコ出版社）等書。

早餐多半是以一盤分量的組合套餐解決。有飽足感的濃郁「南瓜巧達起士濃湯」，搭配軟嫩的法式土司，和帶有爽脆口感的蕪菁及小扁豆等配菜，整體口味也相當地均衡協調。

近幾年麵包機是相當熱門的小家電。輕輕鬆鬆就能吃到剛出爐的麵包，許多家庭每天都以此為樂，製作各種的麵包，但也因為如此，冰箱中不知不覺地就塞滿了麵包。為此，著有麵包機食譜的人氣烹飪教室主廚高橋雅子老師，特別為各位提供了幾款「麵包機食譜&剩餘麵包之進階變化的法式土司」。

高橋老師喜歡在法式土司所使用的蛋液中加入咖哩粉、優格、或玉米等食材，使原本平凡的蛋液瞬間有了升級的效果。且這樣作還可消除「剩餘感」，避免對剩菜的厭倦感。另外，利用剩餘的蛋液製作配料也是一個很棒的主意呢!「每當倒掉剩餘蛋液時，心中總是充滿了罪惡感呀!」當高橋老師這麼說的時候，在場的採訪同仁們都用力的點頭表示贊同。

希望各位平日也能如此，養成不浪費任何一種食材的作菜習慣!

為了滿足正值成長期、食慾旺盛的兒子，高橋雅子老師設計的法式土司食譜似乎也變得多種口味且分量十足。

烘焙 良品 44

食尚名廚の超人氣法式土司

編　　　　者／辰巳出版株式会社
譯　　　　者／陳薇卉
發　行　人／詹慶和
總　編　輯／蔡麗玲
執 行 編 輯／李佳穎
編　　　　輯／蔡毓玲・劉蕙寧・黃璟安・陳姿伶・白宜平
封 面 設 計／李盈儀
美 術 編 輯／陳麗娜・李盈儀・周盈汝・翟秀美
內 頁 排 版／造　極
出　版　者／良品文化館
郵政劃撥帳號／18225950
戶　　　　名／雅書堂文化事業有限公司
地　　　　址／220 新北市板橋區板新路 206 號 3 樓
電 子 信 箱／elegant.books@msa.hinet.net
電　　　　話／(02)8952-4078
傳　　　　真／(02)8952-4084

2015 年 6 月初版一刷　定價 320 元

DAISUKI FRENCH TOAST edited by TATSUMI PUBLISHING
CO.,LTD.
Copyright © TATSUMI PUBLISHING CO.,LTD. 2013
All rights reserved.
Original Japanese edition published by TATSUMI
PUBLISHING CO.,LTD.

This Traditional Chinese language edition is published by
arrangement with
TATSUMI PUBLISHING CO.,LTD., Tokyo in care of Tuttle-Mori
Agency, Inc., Tokyo
through Keio Cultural Enterprise Co., Ltd., New Taipei City

總經銷／朝日文化事業有限公司
進退貨地址／235 新北市中和區橋安街 15 巷 1 號 7 樓
電話／(02) 2249-7714　　傳真／(02) 2249-8715

STAFF

總編輯　　　　　　中川通（辰巳出版）
編輯　　　　　　　牧野貴志
　　　　　　　　　渡辺塁
　　　　　　　　　編笠屋俊夫（辰巳出版）
企劃．編集．採訪　斯波朝子（オフィス Cuddle）
採訪　　　　　　　久保愛 P. 48 至 P. 55
美術編輯　　　　　釜内由紀江（Grid）
　　　　　　　　　飛岡綾子（Grid）
攝影　　　　　　　福尾美雪
　　　　　　　　　封面．P. 6 至 P. 11．P. 16 至 P. 19
　　　　　　　　　P. 24 至 P. 33．P. 56 至 P. 57．
　　　　　　　　　P. 64 至 P. 93．P. 95
　　　　　　　　　石川奈都子
　　　　　　　　　P. 34 至 P. 47．P. 56 至 P. 57
　　　　　　　　　山下コウ太
　　　　　　　　　P. 12 至 P. 13．P. 60 至 P. 63
　　　　　　　　　宮城夏子
　　　　　　　　　（Kanaria Photo Studio）
　　　　　　　　　P. 14 至 P. 15．P. 20 至 P. 23．
　　　　　　　　　P. 56 至 P. 57
　　　　　　　　　山之內博彰
　　　　　　　　　P. 48 至 P. 51．P. 54．P. 56 至 P. 57
　　　　　　　　　小塚清彦
　　　　　　　　　P. 52 至 P. 53．P. 55
校稿　　　　　　　ケイズオフィス

國家圖書館出版品預行編目(CIP)資料

食尚名廚の超人氣法式土司 / 高橋雅子等作；陳薇卉
譯. -- 初版. -- 新北市：良品文化館, 2015.06
　　面；　公分. -- (烘焙良品；44)
ISBN 978-986-5724-36-8(平裝)

1.點心食譜 2.麵包

427.16　　　　　　　　　　　　　　　　104006205

French toast.

French toast